星征程

聆听宇宙的解答

中国科学院国家天文台 著

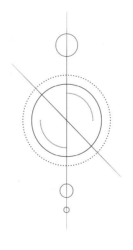

人民邮电出版社

北 京

图书在版编目（CIP）数据

星征程：聆听宇宙的解答 / 中国科学院国家天文台

著. -- 北京：人民邮电出版社，2024.2

（图灵新知）

ISBN 978-7-115-63303-3

Ⅰ.①星… Ⅱ.①中… Ⅲ.①天文学 – 普及读物

Ⅳ.①P1-49

中国国家版本馆 CIP 数据核字 (2023) 第 237351 号

内 容 提 要

  本书是中国科学院国家天文台为大众撰写的一本科普文集。从飞出地球的星际旅行到遥远神秘的黑洞，从引发科学界震动的引力波到决定宇宙命运的暗能量，从一颗小小的陨石到点燃璀璨星空的恒星，书中不仅讲述了丰富的天文学和宇宙学知识，而且展现了中国天文学家们的科研精神和丰硕成果，为读者打开了通往神秘宇宙和浩瀚星空的大门。

  本书适合热爱天文学、对宇宙充满好奇的读者阅读。

◆ 著　　　　中国科学院国家天文台

 责任编辑　戴　童　赵晓蕊

 责任印制　胡　南

◆ 人民邮电出版社出版发行　　北京市丰台区成寿寺路 11 号

 邮编　100164　　电子邮件　315@ptpress.com.cn

 网址　https://www.ptpress.com.cn

 天津图文方嘉印刷有限公司印刷

◆ 开本：690×970　1/16

 印张：15.75　　　　　　　　2024 年 2 月第 1 版

 字数：240 千字　　　　　　　2024 年 2 月天津第 1 次印刷

定价：99.80 元

读者服务热线：(010)84084456-6009　　印装质量热线：(010)81055316

反盗版热线：(010)81055315

广告经营许可证：京东市监广登字 20170147 号

序言

人类对宇宙的好奇心没有止境。仰望星空的人，内心是幸福的。我们是一群从事前沿研究的天文工作者，也有幸成为新知识的创造者和传播者。

中国科学院国家天文台（简称"国家天文台"）作为我国综合性国立天文研究机构，致力于世界科技的前沿研究。我们拥有世界先进的天文观测设备，也获得了丰硕的科研成果，在星系宇宙学、银河系结构和演化历史、恒星和致密天体、太阳物理、行星科学等诸多领域取得了重要进展。

随着我国科技事业的飞速发展，我们越来越深切地体会到，面向大众的科学普及工作是科技工作者的重大责任，也是我们成长和进步的自身需求。科学素质是国民素质的重要组成部分，是社会文明进步的基础。作为普通大众或正处在学习、成长阶段的青少年，应该具备哪些科学素质呢？较高的科学素质，体现在崇尚科学精神，学习科学思想，掌握基本的科学方法，了解必要的科技知识，并具有用其来分析判断事物和解决实际问题的能力。从国家和社会的需求看，提升全民科学素质，树立和掌握科学的世界观和方法论，对于增强国家自主创新能力和文化软实力、建设社会主义现代化强国，具有非常重要的意义。

近年来，国家天文台凭借自己的科研和科普资源优势，积极开展天文科学普及工作，努力实现科研和科普的互促共进、同频共振。国家天文台的天文学家们十分热爱科学普及工作，自觉自愿地努力奉献，取得了显著成绩。国家天文台新组建了信息化与科学传播中心，负责组织科普工作，运营新媒体矩阵。我们针对社会热点、特殊天象和公众关注点，开展了一系列丰富多彩、独具特色的科学传播活动，并组织一线科研人员撰写了数百篇天文前沿科普文章，发布在国家天文台的微信公众号上。现在，我们从这些优秀的文章中选出数十篇，重新整理、编辑，出版成书，献给广大的读者朋友。

这是一本人人都能看懂的天文科普书。我们希望用生动、有趣的故事，介绍暗物质、星系、黑洞、引力波、脉冲星、系外生命、系外行星系统和太阳系等天文学的基本知识、前沿领域的研究现状和发展方向。

我们更希望，这本书能把读者带入浩瀚的星空，引发无尽的思索，点燃科学探索的热情。我们特别期待青少年朋友们树立远大的理想，为实现中华民族伟大复兴的中国梦、飞天梦刻苦学习、不懈奋斗，为祖国繁荣和人类进步努力攀登科学技术的高峰！

这是一个探索宇宙、飞向繁星的新征程。让我们一起出发吧！

汪景琇

目录

第三篇　暗不可测的宇宙

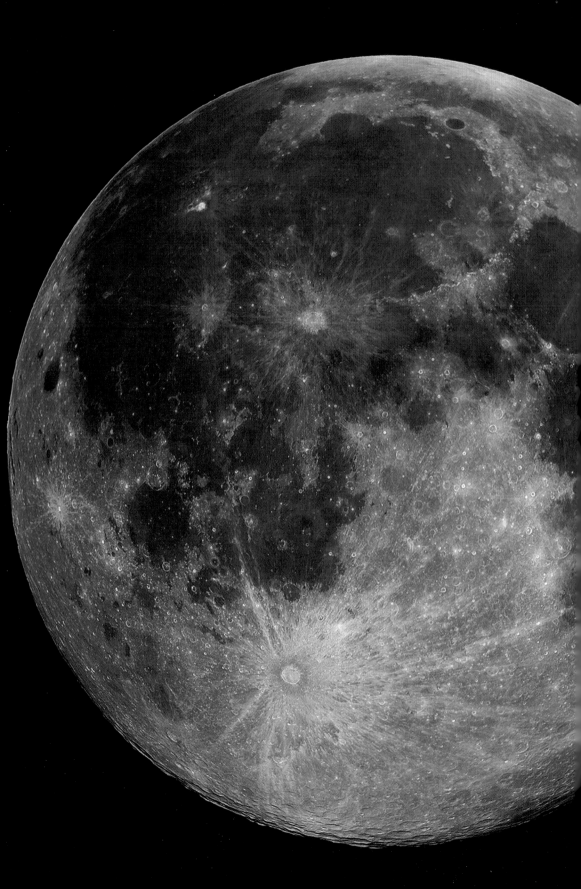

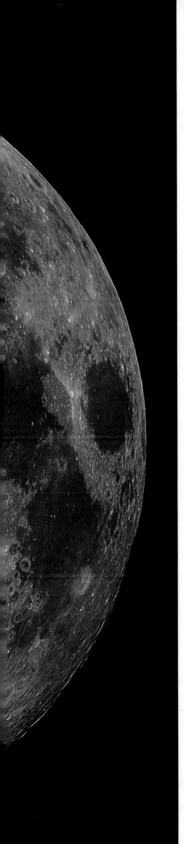

第一篇
仰望星空的时候，
我们在看什么？

月亮，学名月球，是地球唯一的卫星，也是地球居民时常仰望、赋予最多浪漫气息的天体之一。古人曾问："江畔何人初见月？江月何年初照人？"今天我们知道了，月球诞生于地球之后，形成于约 45 亿年前。

五分钟看懂宇宙

陈学雷

不走直线的光

我们生存在地球上，但地球甚至地球所处的整个太阳系、银河系，都只是浩瀚宇宙中的沧海一粟。宇宙究竟是什么样的？这是自古以来无数人好奇并苦苦求索的问题。在本书的开始，我简单地给大家讲一讲现代的宇宙学。

古人说："四方上下曰宇，往古来今曰宙。"也就是说，宇宙指的是空间与时间。那么，宇宙是有限的，还是无限的呢？自古以来，人们对此有种种传说和思辨。

近代科学建立以后，科学家们一度认为空间是无限的。为什么呢？因为描述空间关系的是几何学。而经典的几何学，也就是在中学里学习的欧几里得几何学（或者叫欧氏几何），是根据我们在日常经验中获得的直觉抽象而成的。

在欧氏几何中，直线、平面都可以无限延伸。如果空间不是无限的，那么它就有边界。比如一条线段是有限的，那就必然有其边界，也就是端点。但宇宙空间的边界是什么？边界之外又是什么？从这样的推理来看，宇宙空间似乎必然是无限的。

欧氏几何从一些定义、不证自明的公理和公设出发，通过严密的数学证明和推理得出结论。但是，随着数学的发展，19世纪，高斯、鲍耶、罗巴切夫斯基等数学家经过研究发现，如果改变欧氏几何中的第五公设（或者叫平行公设），也可以建立不同于欧氏几何的自洽理论，也就是所谓非欧几何。

遗憾的是，我们基于日常生活形成的空间直觉，不太容易想象出三维空间中这种非欧几何的样子。不过，我们可以想象一些二维的曲面。比方说一个球面，它是有限的，显然不同于欧氏空间的平面，但如果我们把自己局限在球面上的一小部分，那这一部分乍看起来和平面是非常类似的。

其实，我们生活的地球就是球面，但在很长一段时间中，人们并不知道这一点，而是以为自己生活在平面上，这就是一个二维的例子。同样，虽然我们很难想象，但三维空间也可以是弯曲或者有限的。

当然，球面只是比较简单、规则的曲面，还存在许多更为复杂的曲面，数学家黎曼引入了"流形"这个概念，来描述这些更广泛的几何空间。

数学家们提出了存在非欧几何的可能性，但现实的三维空间又如何呢？物理学家爱因斯坦在他的广义相对论中提出，我们所处的时空其实就是某种流形，是可以"弯曲"的，而且弯曲的程度并不是预先定好的，而是与其中的物质分布有关。这就有点儿像有人站在弹簧床上会使床面弯曲一样。这种物质导致的时空弯曲，就是我们熟知的万有引力。

在广义相对论中，所谓的万有引力，其实就是物质使周围的时空弯曲。而其他物质在这种弯曲的时空中运动，就好像被造成时空弯曲的物质所吸引。1919 年，天文学家们在发生日食时观测经过太阳附近的星光，发现光线在太阳附近被偏折，偏折的量与广义相对论的预言一致，从而证实了爱因斯坦广义相对论的正确性。

使用广义相对论，爱因斯坦构造了一个有限宇宙的模型。这个宇宙有点儿像地球的表面，它是有限的，但你在地球表面行走，并不会遇到一个"地球尽头"的边界，也说不上哪里是地球表面的中心，或者也可以说每一点都是中心。同样，爱因斯坦有限宇宙中没有边界和中心，只不过地球表面是二维的球面，而这个宇宙是三维的球面。

另外，爱因斯坦发现根据他的广义相对论方程，如果宇宙中只含有当时已知的普通物质，他就找不到方程的静止解。因此，他假定宇宙中还有某种所谓宇宙常数，它对时空弯曲的作用和一般的物质不同，相当于某种万有斥力，正好能够平衡物质造成的时空弯曲。

爱因斯坦宇宙学模型是第一个基于广义相对论构建的宇宙模型，那么它是否正确呢？

每天离我远一点儿

我们已经提到，爱因斯坦根据广义相对论，提出了有限的宇宙模型，并且通过假定宇宙常数，使其保持静止。但是，俄罗斯数学家亚历山大·弗里德曼（Alexander Friedmann）、比利时科学家乔治·勒梅特（Georges Lemaître）等人在求解广义相对论的方程后发现，宇宙也可以处在膨胀或收缩的过程中。

另外，就在爱因斯坦创建广义相对论的同时，美国天文学家维斯托·斯里弗（Vesto Slipher）发现，宇宙中大部分星系发出的光，其谱线的波长都变长了。由于在可见光波段蓝色光波长较短，红色光波长较长，因此我们把这种现象称为红移。

为什么星系的光会发生红移呢？根据物理学中的多普勒效应，如果一个物体正在以一定速度接近我们，它发出的波的波长就会变短。反之，如果该物体以一定速度远离我们，波长就会变长。在日常生活中，向我们驶来的汽车，不仅发出的声音响度变大，而且音调也变高，就是因为这个原理。

星系纷纷离我们远去，又是什么原因呢？是我们特别招别的星系讨厌吗？当然不是！天文学家哈勃做了一项定量研究，发现星系的红移与它和我们的距离成正比，越远的星系红移也越大，这后来被人们称为哈勃定律，而这正是宇宙膨胀的特征。

在膨胀的宇宙中，整个空间在变大，因此星系之间的距离都在变远。也就是说，它们在离我们远去，所以我们看到，绝大多数星系在离我们而去，而且离去的速度与距离成正比。

这是因为，比如说，宇宙经过一段时间膨胀为原来大小的两倍，那么在这段时间里，宇宙里的每段距离都会增大为原来的两倍。但是这种膨胀是在同样长的时间内发生的，因此星系离我们越远，在这段时间内移动的距离就越大，当然移动的速度也就越快，正像哈勃所观测的那样。

不过，有些读者看到上面的说法后，可能会提出一个疑问：我们都是用某种尺度测量距离，如果一切尺度都同样变大了，那不就等于什么都没变吗？

你是对的！我们上面的说法其实不太精确。宇宙在膨胀时，其实并不是所有空间都同样放大。原子没有膨胀，我们的身体没有膨胀，地球没有膨胀，甚至连星系也没有膨胀，只是彼此相距遥远的星系之间的距离变大了。为什么呢？这就跟膨胀的动力学有关了。

弗里德曼、勒梅特等人从广义相对论求得宇宙膨胀解时，假定宇宙中的物质是均匀分布的，并且除了爱因斯坦引力外，没有其他相互作用。但是，原子和分子之间都存在着电磁相互作用，这种相互作用远远大于万有引力，或者说时空弯曲的效应。电磁相互作用把它们束缚在一起，所以原子、分子以及人体都不会随着空间膨胀。当然，由于电荷有正有负，物质在大尺度上呈电中性。因此，在较大的尺度上，物质之间的万有引力一般会超过电磁力。不过，组成地球、星系的物质也不会随着宇宙一起膨胀。这是因为，地球或者星系的局部密度会远远超过宇宙的平均密度，所以它们在自身引力的作用下就不会膨胀了。

宇宙命运大猜想

我们提到，宇宙膨胀使星系之间的距离变大，由于星系自身的引力，已经形成的星系本身并不会随着宇宙膨胀。

其实，组成星系的物质，在宇宙的早期确实是随着宇宙一起膨胀的。但形成星系的地方密度会比周围稍微高一些，这样一来，它们在自身较强的引力作用下，或者说在较大的时空曲率作用下逐渐减速。

在宇宙膨胀时，物质的密度会逐渐降低，而这些密度较高的地方会膨胀得慢一些，密度降低的程度就会小一些。这样它们就会变得比周围更密，引力更强，它们的膨胀也就会越来越慢，然后停止，转为收缩，最终形成我们今天的星系。而在星系内部，物质又经过复杂的过程，形成包括太阳和地球在内的恒星和行星。

那么，如果我们考虑比单个星系更大的尺度，甚至整个宇宙又会如何呢？弗里德曼发现，如果宇宙一开始处于膨胀中，那么在物质的引力作用下，这种膨胀就会逐渐变慢。

给定某一时刻的宇宙膨胀速度，如果宇宙物质密度足够高，也就是说如果密度高于某个值（通常把这个值叫作临界密度），那么宇宙膨胀就会减速，最终停止并转为收缩。

反之，如果宇宙物质密度低于临界密度，那么虽然宇宙膨胀的速度也会降低，但物质密度和引力也会随着膨胀不断降低，因此膨胀会一直持续下去。

更有趣的是，宇宙的几何也取决于密度。如果宇宙物质密度高于临界密度，那么宇宙就会像爱因斯坦设想的那样，是有限无边的，但不是静止的，这叫作封闭几何。

如果宇宙物质密度正好等于临界密度，则宇宙空间恰好是我们所熟悉的欧氏几何（或者叫平直几何）。不过不同于爱因斯坦之前的设想，这个无限大的平直空间同时还是不断膨胀的。

最后，如果宇宙物质密度低于临界密度，那么宇宙的几何是无限的。但这种几何也是一种非欧几何，我们称之为开放几何或者双曲几何。

那么我们的宇宙到底属于哪一种情况呢？这就要根据实际的观测才能回答了。天文学家们设计了几种检测宇宙模型的办法。

第一种办法是测出宇宙现在的膨胀速度，从而给出临界密度，再测出实际的宇宙物质密度，并与临界密度相比较。第二种办法是直接用三角测量法测量宇宙的几何，看它究竟是封闭的、平直的，还是开放的。第三种办法是测出宇宙的加速度，看宇宙膨胀减速有多快。这些测量都非常困难。

那些黑暗力量

从 20 世纪 50 年代，天文学家们就开始尝试根据观测数据确定宇宙学模型。但是，这中间有许多曲折。经过不懈的努力，到了 20 世纪末、21 世初，天文学观测终于足够精确，我们可以回答宇宙学家们的问题，给出明确的答案。

我们所熟知的普通物质的密度只有临界密度的不到 5%。不过，天文学家们又发现，在星系和星系群中，除了普通物质外，还有很多不发光的物质，它们被称为暗物质。我们看到的明亮物质，可能只是冰山的一角。

暗物质究竟是什么？我们还不清楚。不过，我们可以根据星系和星系团的引力，测量出其中暗物质的量。比如，我们看看星系里恒星和气体绕中心旋转的速度，或者看看光在经过一个星系或星系团时偏折的角度，就可以知道其中物质的总量。

不过，即便算上暗物质，宇宙平均密度也只有临界密度的 30% 左右。那么，宇宙是不是像弗里德曼理论说的那样，是双曲几何呢？

但是，当科学家们测出了宇宙膨胀速度的变化时，他们大吃一惊。原来，宇宙的膨胀并没有如预料的那样越来越慢。确切地说，宇宙膨胀曾经变慢，但是现在反而越来越快了。这是怎么回事？

为了解释这一现象，宇宙学家们猜想，宇宙中可能有 70% 左右是所谓的暗能量，其性质十分奇特。比如，爱因斯坦当年为了得到静止宇宙引入的宇宙常数，就是形式最为简单的一种暗能量。不过，也有许多学者构想了其他暗能量，但暗能量究竟是什么，仍然是一个未解决的科学问题。

把暗物质、暗能量、普通物质加起来，我们发现宇宙的总密度约等于宇宙的临界密度。所以，宇宙的几何应该是平直的，也就是我们所熟悉的欧氏几何。这对不对呢？

如果我们在宇宙距离上能确定天体的几何大小，同时又能测量它张开的视角大小，那么也可以用三角测量法直接测量宇宙的几何来验证这一理论。这些测量结果表明，宇宙的几何确实是平直的！

那么，我们是否可以断言，宇宙的空间是无限大的呢？从目前看来，这的确很有可能。但遗憾的是，我们很难一劳永逸地证明这一点。这是因为，宇宙大爆炸发生在 138 亿年前，我们至多只能看到大爆炸发生时传来的光。在这个尺度上，宇宙平均密度接近临界密度。但在这之外的宇宙密度是多少？我们对此就只能猜测了。如果这个密度略高于临界密度，那么宇宙仍然有可能是有限的，只不过曲率半径非常非常大，以至于我们无法察觉。

　　广袤的宇宙到底是有限的还是无限的呢？也许，这是一个永远值得我们深思的问题。

认识宇宙

苟利军

望远镜的发明

宇宙是一个充满神秘和未知的地方。从古至今，人类对于宇宙的认识发生了翻天覆地的变化。古有盘古开天地、天圆地方的说法，而如今大爆炸形成宇宙的说法已经广为人知。这得助于天文观测工具和认识方式的变化。在本文中，我将给大家简单介绍一下人类认识宇宙的几次飞跃。在每一次飞跃之后，人类认知的疆域都得到了极大的扩充。

每当夜幕降临，群星闪烁、银河慢慢升起。在没有娱乐的远古时期，仰望星空就是原始人类的最大乐趣。他们试图以裸眼的力量穿透深邃的星空，穷究其中的奥秘。在日积月累的长期观测当中，人类总结了好多经验，发现了一些行星的运动规律。

2000 多年前，古希腊的哲人们根据之前的观测经验，总结出一个当时最为先进的理论，那就是地心说。地心说告诉我们，地球是宇宙的中心，其他行星、月亮以及太阳都在围着地球绕转。它们被镶嵌在不同距离处的透明球壳之上，而其他星星则被镶嵌在最外层的一个球壳上。这就是人类当时所了解的宇宙。而在其后的一千多年中，尽管有一些更为精细的观测结果很难用地心说解释，但是并没有撼动地心说的地位。

到了 17 世纪初，一位名叫伽利略的意大利人听说有人制造出了能够将远处物体拉近的放大工具，这就是我们现在熟知的望远镜。通过四处打探，得知原理之后，他就在 1609 年初制造出了属于自己的望远镜。

一日，他坐在自家后院休息，摆弄着望远镜。突然间，当他把望远镜指向天空中的月亮时，发现原来一直被认为完美的月亮表面竟然坑坑洼洼，这让他大吃一惊。之后，他将望远镜指向更远的木星，发现了在其周围绕转的卫星。这些卫星后来被命名为伽利略卫星。正是这些卫星的发现为日心说提供了重要的观测证据。

伽利略将望远镜指向天空，对他来说是一个小小举动，然而对人类来说，却开启了认识宇宙的第一次飞跃。人类迎来了宇宙探测的热潮，对于宇宙的众多认识就此革新。

贝尔实验室的宇宙发现

伽利略最早使用的望远镜口径只有 2.6 厘米。此后，随着磨镜水平和制造工艺的不断改进，更大口径的望远镜陆续涌现出来。到 20 世纪 20 年代，美国就已经制造出了 2.5 米口径的通用型望远镜，成为当时世界上最大口径的望远镜。美国天文学家哈勃就是利用此望远镜测量了仙女星系的距离，从而确认了仙女星系的位置在银河系之外，结束了长久以来有关宇宙大小的争论，证实了宇宙是由众多星系构成的。

几年之后，哈勃更进一步，用同样的望远镜发现了宇宙正在膨胀，其他星系在离我们远去，这一观测事实成为宇宙大爆炸理论的重要证据之一。哈勃因为这些发现而成名，成为 20 世纪最伟大的科学家之一。1990 年，美国发射了一个 2.4 米口径的空间光学望远镜，此望远镜就是以他的名字命名的。时至今日，哈勃空间望远镜已经成功运行了 30 多年，依旧是人类进行宇宙探索的利器。

伽利略之后的数百年间，光学望远镜几乎是人们观测宇宙的唯一主要工具。然而在 20 世纪 30 年代初，美国贝尔实验室的工程师卡尔·央斯基（Karl Jansky）在检查洲际电话传输信号的噪声源时，利用一个大型的定向无线电天线，发现了来自银河系中心的射电辐射，这是人类首次发现来自宇宙天体源的射电信号。尽管射电和光学都位于电磁波频谱之上，射电却反映了完全不同的宇宙图景。贝尔实验室的这次偶然发现，为人类打开了一个新的宇宙观测窗口。

在此，关于贝尔实验室值得一提的是，虽说它是一个实验室，但它有着辉煌的历史，因为不同的科学贡献，曾经有 9 项成果被授予诺贝尔奖，其中就包括在 20 世纪 60 年代同样是偶然发现的微波背景辐射——在宇宙诞生之后 38 万年所产生的高能辐射遗迹。随着宇宙的膨胀，这个背景辐射的波长被逐渐拉长，现在已经到了微波波段。这个发现也成为大爆炸宇宙论的另一个直接证据。

受央斯基发现结果的鼓舞，1937 年，美国的一位无线电爱好者格罗特·雷伯（Grote Reber）尝试制造出了一个直径为 9 米的抛物面形的射电望远镜，这是历史上第一个锅形天线。他利用此望远镜不仅验证了央斯基的发现，还进行了巡天观测，发现了一些其他的射电天体。他的这一举动被认为是射电天文学的开始。

不久后，第二次世界大战开始，出于雷达探测技术的军事需要，无线电探测技术得到了极大发展，该技术对于"二战"之后的射电天文学发展起到了非常大的作用。战争结束之后，在制造更大型射电望远镜的同时，天文学家也开始认真地利用射电设备对天体进行研究。终于在 20 世纪 60 年代迎来了射电天文学发现的黄金时代，脉冲星、类星体、宇宙微波背景辐射和星际有机分子等被相继发现，因为对于后来的天文研究有着极其重要的作用，这些观测也被大家称为 20 世纪 60 年代的四大发现。

射电望远镜和光学望远镜类似，也是越做越大。不过因为射电波长要比光学波长长很多，所以射电望远镜的口径也通常要比光学望远镜大很多。到目前为止，最大的单口径射电望远镜当属中国的 500 米口径球面射电望远镜（即"中国天眼"，简称 FAST）。不过因为它建在一个洼地之中，所以不能随意指向天空中的某个方向，只能在地球自转过程中扫过某些区域。当然，如果把一个"大锅"放在一个支架上，就能够形成随意指向某个方向的射电望远镜了。美国的绿岸射电天文望远镜就是这种类型当中最大的，口径达到了 100 米。

单个望远镜的口径毕竟有限，所以射电天文学家后来还发展出了干涉技术，将多个小口径的望远镜组成一个阵列，形成一个虚拟的大口径望远镜，从而可以极大地提高望远镜的空间分辨率。2017 年开展的事件视界望远镜计划，就是利用分布于全球不同地方的 8 个亚毫米波望远镜，通过所谓的干涉技术，最后形成一个口径类似于地球直径的望远镜，对我们银河系中心的黑洞进行首次成像。

关于射电天文学，我们就暂时讲到这里。接下来我们继续介绍天文学中另一个新的观测窗口：X 射线天文学。

X 射线天文学的开启

之前我们提到，第二次世界大战结束之后，因为有雷达探测技术，射电天文学得到了极大发展。战后，美国和苏联都想提早发射人造卫星，对月球、金星等天体进行探测。美国在 1955 年宣布，将在国际地球物理年，即 1957 年发射人造卫星，仅一周后，苏联也发布了他们发射人造卫星的计划。而在大约两年之后，苏联的确做到了。1957 年 10 月 4 日，苏联发射了人类历史上的第一颗人造卫星。1961 年 4 月 12 日，苏联又将首位宇航员送入太空。

为此，美国政府制订了雄心勃勃的"阿波罗"登月计划。为给登月做准备，美国政府委托一些科学家进行测试，了解月球表面的化学组成。根据之前的猜想，太阳产生的高速粒子与月球表面的岩石相互作用之后，能够产生一些特殊的 X 射线。当时人们已经知道 X 射线会被地球大气吸收，所以必须在大气层之外进行观测。于是科学家们发射了一些小型火箭进行观测，很遗憾的是，没有观测到任何来自月球表面的 X 射线辐射，但是让科学家很惊喜的是，他们发现了宇宙天体所产生的 X 射线。

这次发现让科学家们意识到，宇宙当中原来还有如此剧烈的活动。因为产生 X 射线气体需要非常高的温度——至少几百万摄氏度，所以 X 射线通常反映的是宇宙剧烈活动的一面，和之前提到的光学和射电所反映的情形完全不一样。同样是通过偶然的发现，天文学观测的另一个重要窗口又被开启。

刚开始观测宇宙的时候，科学家们利用的是火箭。然而，因为火箭每次只能观测几分钟，所以科学家们就想通过发射太空望远镜的方式对 X 射线天体源进行观测。在同一科学团队的努力之下，他们终于在 1970 年发射了人类第一个 X 射线望远镜，当时被命名为"乌呼鲁"（Uhuru），其含义为"自由"，寓意为人类终于可以摆脱地球的束缚进行太空观测了。该科学团队的负责人里卡尔多·贾科尼（Riccardo Giacconi）因为在 X 射线天文学方面所做的先驱性的贡献，在 2002 年被授予了诺贝尔物理学奖。

经过五十多年的发展，随着技术不断改进，X 射线望远镜到目前为止已经从第一代发展到了第三代。最先进的技术的代表当属美国的钱德拉 X 射线天文台和欧洲的 XMM-牛顿卫星，它们都发射于 1999 年，已经运行了 20 多年，在观测黑洞、中子星等天体方面做出了非常大的贡献。

值得一提的是，中国在 2017 年也发射了属于自己的第一个 X 射线望远镜，它被命名为"慧眼卫星"，中国的 X 射线天文学研究水平必将由此得到提升。

至此，科学家们可以利用几乎整个电磁波谱来观测宇宙天体了。那么除了电磁波，也就是我们常说的光子之外，还有没有其他观测方式呢？当然有，接下来我们就简单聊聊两种不同的探测方式：中微子和引力波。

来自银河之外的中微子

伽利略之后，射电天文学和 X 射线天文学的出现极大地丰富了我们对于宇宙的认识，科学家们能够利用整个电磁波谱去观测宇宙。尽管如此，科学家们并没有放弃探索其他的新方式，我们将讲到电磁波谱之外的一种全新探索方式：中微子。

中微子是一种非常特殊的粒子，它与光子完全不同，几乎不与物质发生反应，所以很难被探测到。但好处是，因为中微子产生的地方通常是一个天体最核心的位置，所以中微子可以告诉我们核心位置的信息，这很难利用其他观测方式得知。

20 世纪 50 年代，中微子第一次在核反应堆中被探测到。而在大约 10 年之后，美国科学家利用大型中微子探测器观测到了来自太阳的中微子。尽管在此之后的一段时间内，科学家探测到了不同的中微子，但是无法确认其来源，所以没有取得太大的进展和突破。

终于等到 1987 年，我们的邻近星系——大麦哲伦云中的一颗超新星（超新星 1987A）爆发，科学家们从真正意义上探测到了太阳之外的中微子。这次观测使用了两个不同的探测器，在 13 秒内总共探测到了 25 个中微子。在探测到中微子的 3 小时之后，地面上的其他望远镜接收到了超新星爆发的光学信号，根据不同信号的到达时间，科学家们确认了超新星的爆发模型。不仅如此，科学家们还通过有限数目的中微子，估算了超新星爆发所释放出的总能量，发现其中的 99% 都是通过中微子释放出去的。

超新星 1987A 爆发不仅开启了中微子天文学，而且开启了中微子多信使天文学，使得天文学家能够利用多种方式对某个天体进行全面的研究。

探测引力波

在中微子天文学开启 20 多年之后，科学家们最近又迎来了一种全新的探测方式，那就是引力波。

1915 年，爱因斯坦提出广义相对论。1916 年，爱因斯坦对广义相对论的场方程做了简单假设之后，得到了一个描述时空振荡的波动解，这就是我们现在所知道的引力波。

先是花费几十年确认引力波真实存在，在众多科学家的努力之下，时隔一个世纪之后，美国的激光干涉引力波天文台（简称 LIGO）终于在 2015 年 9 月 14 日直接探测到了两个恒星量级黑洞并合时所产生的引力波，这个双黑洞系统位于 13 亿光年之外。因为双黑洞系统不会产生引力波之外的其他信号，所以引力波成为探测双黑洞系统的唯一利器。

在此次探测之后，科学家又发现了其他几例双黑洞并合事件。不过天文学家更期待另外一类并合事件，那就是双中子星并合（图 1）。因为双中子星并合的时候不仅会产生引力波，同时还会产生非常强的中微子和电磁信号，所以双中子星并合不仅能够被引力波探测器探测到，还可以被其他各类望远镜同时探测到。

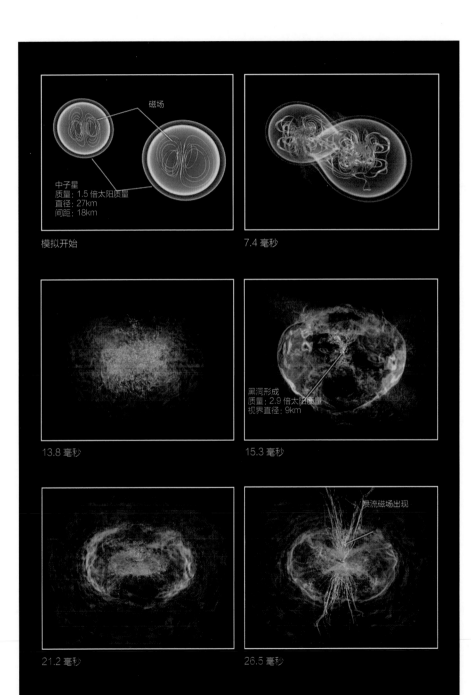

图 1　双中子星并合的数值模拟过程

©NASA/AEI/ZIB/M. Koppitz and L. Rezzolla

本来，科学家们估计这类信号只有等到 2020 年左右才能观测到。然而走运的是，在第一次探测到引力波之后大约两年，LIGO 联合欧洲的引力波设备室女座引力波探测器（简称 VIRGO）就探测到了双中子星并合的信号。这一次，地球上 70 多个不同类型的望远镜都加入了这场后续观测。此次观测不仅发现了一些新的天文现象，更帮助天文学家确认了一些悬而未决的理论模型。

尽管 LIGO 已经探测到了多起引力波事件，但仅仅局限在引力波频谱上一个非常小的范围。LIGO 非常类似于当初的光学望远镜，而在 LIGO 探测范围之外，还有其他类型的引力波等待人类去探索，也需要我们利用其他方式去探测。比如，中国西藏的"阿里计划"探测波长几乎是宇宙大小的原初引力波，它的探测方式就是利用原初引力波对于微波背景辐射的特定模式的偏振效应；另外，中国的 FAST，以及由多个国家一起正在建设的平方千米阵，可以利用脉冲星计时阵的方式来探测星系并合时所产生的引力波背景。引力波的故事我们后面还会细讲。

四百多年前，光学望远镜出现。大约一百年前，人类开始逐步利用光学之外的电磁辐射对宇宙进行研究。如今，我们已经能够对天体进行整个电磁频谱的观测研究。除此之外，还出现了一些新的探测方式，比如中微子和引力波，无疑极大地丰富了我们的观测手段，让我们能够对某些天体或者现象进行全面而深入的多方位研究。技术的进步，配以这些不同的探测方式，必然会解开更多的宇宙奥秘。

牛顿的苹果

陈学雷

故事是真是假？

大家都听说过牛顿的苹果的故事：牛顿看到苹果落下而发现万有引力。英国纪念牛顿《自然哲学的数学原理》一书出版三百周年的文集，封面上也是一个苹果。牛顿家乡的苹果树（图1）还被移栽到世界各地的许多著名学术机构（图2）。

但是近年来，网上有很多文章把这个故事归入虚假故事之列。例如，某篇文章在提到这个故事时是这样说的："关于牛顿和他的苹果的故事是伏尔泰编的，据说他是听牛顿的外甥女说的，当然牛顿的所有手稿中都没提到那个苹果。"

再比如，另一篇文章把牛顿的苹果的故事与《爱迪生救妈妈》《地震中的父与子》等虚假故事放在一起评论道："可惜的是，这些故事全是假的，不是历史的真相，"并进而写道，"再比如，牛顿'假如我看得比别人远一些，是因为我站在巨人的肩上'的名言，是在他与胡克争夺万有引力定律的发现优先权时，为了讥讽胡克而说的（胡克驼背，且身材矮小），显示了牛顿卑劣的人格。"

还有一篇文章写道："牛顿的万有引力定律是以开普勒的行星运动三定律为基础的，而我们却不重视这一重要过程，还常常毫无意义地谈论苹果落地激发了牛顿灵感的神话。"

牛顿的苹果的故事真的如这些文章所说的那样，完全是虚假的吗？其实，牛顿的苹果的故事虽然有演绎的成分（比如说牛顿刚好被苹果砸到），但基本内容实际上是来自历史文献的。当然，牛顿确实并未在他的论著中提到苹果的故

图 1　牛顿家乡故居（背景中的房子）旁的苹果树
©DUNCANH1

图 2　剑桥大学三一学院前的苹果树，从牛顿家乡苹果树上嫁接移栽，牛顿住过的房间即在此树后面
©Loodog

事，不过科学家们在正式的科学著作中一般也不会讲述自己的科研灵感来源，因此这不足以否定牛顿苹果的故事的真实性。牛顿的苹果的故事是一些熟悉他的人听晚年的牛顿自己讲述的。

这个故事最著名的讲述者是法国启蒙思想家、哲学家伏尔泰（Voltaire）。伏尔泰 1726 年来到英国，根据在英国的见闻，他在 1733 年出版了《哲学书简》（又称《英国书简》），在其中描述了宗教上宽容多元、政治上民主自由的英国，该书给当时的法国思想界带来了相当大的冲击，甚至一度被列为禁书。

伏尔泰在 1727 年参加了牛顿的国葬仪式，他在书中也介绍了牛顿万有引力理论，这与当时在法国占主导地位的笛卡儿旋涡学说有很大不同。

关于牛顿发现万有引力的经过，伏尔泰写道："1666 年，他退隐到剑桥附近的乡下，有一天在自己的花园里散步，看到有水果从树上掉下来，便陷入了对重力的沉思。……使重物坠落的力量是一样的，不管是在多深的地下，也不管是在多高的山上，都不会有明显的减小。为什么这一力量不会一直延伸到月球上呢？如果这一力量真的一直深入月球，从表面上看，难道不正是这一力量使月球保持在其轨道上吗？……"伏尔泰的故事来自牛顿的外甥女凯瑟琳·康杜特（Catherine Conduitt），她婚前叫凯瑟琳·巴顿（Catherine Barton），是牛顿的同母异父妹妹汉娜·史密斯（Hannah Smith）的女儿。她的丈夫约翰·康杜特（John Conduitt）在结束英国驻直布罗陀的军队任职后返回英国，婚后成为牛顿在皇家造币厂的助手，并在牛顿死后继任造币厂厂长。

这对夫妇去世后，被安葬在威斯敏斯特教堂牛顿墓的旁边。约翰·康杜特对牛顿相当崇拜，曾有意撰写一部牛顿的传记（未完成），因此很早就开始注意记录牛顿的谈话，并在牛顿逝世后收集了其他人对牛顿的回忆。我们现在所读到的牛顿逸事大多来自康杜特当时收集的记录。

另一个独立的记录来自威廉·斯蒂克利（William Stukeley）。斯蒂克利和牛顿都来自林肯郡，他也毕业于剑桥大学，是一名医生，在乡间巡诊时对乡间遗存的古迹产生了浓厚兴趣。他多次前往巨石阵，并首次进行了详细的测量和记录，成为考古学的先驱者之一。他曾担任伦敦文物学会的秘书，加入了英国皇家学会，并结识了当时担任主席的牛顿，与牛顿交往频繁。

1726年4月15日，斯蒂克利前往牛顿家，告知牛顿他准备离开伦敦回乡养病，也就是牛顿的老家林肯郡，他将定居在格兰瑟姆镇，这是牛顿小时候上学的地方。后来他在格兰瑟姆采访了很多认识牛顿的老人，包括传说中牛顿少年时代的女友文森特夫人，收集了许多牛顿童年时代的逸事，并调查了牛顿的家谱。

晚餐后，斯蒂克利和牛顿来到花园，在苹果树下喝茶。斯蒂克利后来写道："他告诉我，在过去，正是在相同的情景下，重力的概念进入他的头脑。它是由一个苹果落地引起的，而当时他正坐着沉思默想。他自己思量，为什么苹果总是垂直地摔在地上，为什么它不斜着跑或者向上跑，而总是跑向地球的中心呢？的确，原因是地球吸引苹果。在物质中必定有吸引力存在，地球的吸引力总和一定指向地球的中心，而不指向地球的任何一侧。所以这个苹果垂直地向地球中心下落。如果物质之间如此吸引，吸引力一定与物质的量成比例。所以，苹果吸引地球，和地球吸引苹果一样。存在一种力量，像我们这里所说的重力，它通过宇宙延伸自己。"

此外，数学家罗伯特·格林（Robert Greene）在他的著作中称英国皇家学会副主席马丁·福克斯（Martin Folkes）也曾听牛顿讲述过这个故事。牛顿的另一位朋友——数学家亚伯拉罕·棣莫弗（Abraham de Moivre）虽然没有提到苹果，但是他也说到1666年牛顿在花园中思考的时候产生了关于引力的想法。

这些人的说法大体上是一致的，虽然有一些细节上的差异，比如牛顿到底是在坐着沉思时还是散步时看到苹果下落。他们都非常熟悉且崇敬牛顿。苹果的故事确实来自牛顿本人，这一点没有太多值得怀疑的地方。

诚然，牛顿讲述这一故事的时候，离发生的时间已经过去差不多60年了，但如果牛顿是从一个苹果落地得到灵感的话，这无疑会在他心中留下深刻的印象，因此他在晚年能够回忆并讲述这一故事并不奇怪。

万有引力的发现之争

虽然苹果的故事并非虚假的，但它是否说明牛顿在看到苹果之后就马上发现了万有引力呢？这涉及一个问题，即牛顿到底是何时发现万有引力定律的。这就与牛顿和胡克之间万有引力发现贡献的争论有关了。

罗伯特·胡克（Robert Hooke）是一位多才多艺的科学家，也是英国皇家学会的创始人之一，他作为显微镜的发明者和胡克弹性定律的发现者，在今天也相当著名。

早在 1662 年，他和另一位英国皇家学会的创始人，即后来作为建筑大师而著名的克里斯托弗·雷恩（Christopher Wren）就讨论了行星如何在轨道上运动。他猜想太阳和行星之间有相互吸引的力，这种力可能随着距离增大而减小。

他还设计了一个简单的实验，检验重力是否随高度的增加而减小。他先用一个天平精确地称量一个铁球和一段绳索的重量之和，然后爬到大教堂的顶上，用那段绳索悬挂着铁球垂下，同时用天平称量，看在这种情况下总重量是否变化。因为在这种情况下，绳索的高度高于铁球，所以绳索受到的引力会小一些，这样总重量有可能会比在地面上称量轻一些。或者反过来说，在屋顶称量会重一些。当然，这个实验的精度并不足以探测到任何差别。

1666 年，胡克在英国皇家学会宣读论文，1674 年又出版了著作《证明地球运动的尝试》（*An Attempt to Prove the Motion of the Earth from Observations*），提出所有的天体都有一种指向其中心的重力，不仅吸引自己的各个部分使其不至飞散，而且可以吸引位于其作用区域内的其他天体；物体在不受力的情况下做直线运动，在外力影响下才会偏离直线按曲线运动。他还提出太阳和行星之间存在的这种力随距离增大而减小，但在此书中，他不确定是按照什么规律减小。

我们可以看到，胡克比牛顿要"长一辈"。1661 年，当胡克开始考虑这个问题时，牛顿刚刚上大学。1666 年，胡克其实已经发表了结果，虽然据说牛顿在 1666 年看到了苹果落地，但是他并没有立刻发表。

1684 年 1 月，天文学家埃德蒙·哈雷（Edmund Halley）与胡克、雷恩在英国皇家学会的会议上又讨论到行星运动问题。哈雷当时很年轻，他根据行星运动的开普勒第三定律，假定行星的轨道是圆的，可推测出行星受到太阳的引力与距离的平方成反比。但是因为行星实际的运动轨迹是椭圆而不是圆，所以他并不能真正证实这一点。

这时候，胡克声称他能够证明，在这种情况下行星运动的轨迹是椭圆。但是雷恩和胡克打了多年交道，知道他有时爱夸大其词，因此并不相信胡克有像样的证明。雷恩提出以两个月为期、以一本书作为奖品征集这一证明。胡克表示他已有这个证明，但不打算立刻公布，否则人们就不会知道这个证明的难度。他说要等一段时间，大家都证明不出来，才能显示出这个证明的难度。

同年 8 月，哈雷正好来到剑桥，见到了当时在剑桥大学担任教授的牛顿。他们讨论了一些问题后，哈雷询问牛顿：如果行星受到太阳的吸引，且引力与距离的平方成反比，那么行星的轨迹是什么样子？牛顿回答说是椭圆。哈雷问牛顿是怎么知道的，牛顿说他算过。哈雷闻言大喜，请牛顿提供证明，牛顿说他要找一下，第二天却说没找到计算的论文，但可以另外写一篇。

实际上，后来人们在牛顿的手稿中找到了他声称未找到的论文，这篇论文中含有一些错误。人们猜测牛顿没有交出这篇论文，可能并不是没找到，而是因为他发现了里面有问题。

而后哈雷回到伦敦。1684 年 11 月，牛顿托人带了一篇 9 页纸的论文给哈雷，这是一篇用拉丁文写就的论文，题为《论在轨道上的物体的运动》（拉丁文为 "De motu corporum in gyrum"）。牛顿在文中证明了服从开普勒运动定律的物体受到一个指向椭圆的一个焦点且与距离的平方成反比的力，也证明了在平方反比力的情况下，物体最一般的运动轨迹是圆锥曲线。圆锥曲线包括椭圆，在有些情况下可以是抛物线或双曲线，这取决于物体运动的速度，或者说能量有多大。

哈雷看到论文后很激动，立即动身前往剑桥与牛顿会面。他返回伦敦后向英国皇家学会报告了这一论文的情况，并说牛顿打算在继续修改完善后再在英国皇家学会的会议上正式宣读这一论文。但是，牛顿并未像哈雷预期的那样很快寄来修改稿。哈雷意识到这一发现的巨大意义，为了保护牛顿的发现优先权，他就将手上那份论文在英国皇家学会做了登记。

　　为什么这时牛顿很拖拉呢？这是因为，牛顿在写作过程中产生了巨大的创作热情，他不断扩充书的内容，从原来简单的专题论文，变成了完整阐述整个力学的三卷本巨著，也就是我们现在熟知的《自然哲学的数学原理》（图3，以下简称《原理》），他夜以继日地工作了两年，直到1687年才完成此书，最后在哈雷的帮助下印刷出版。

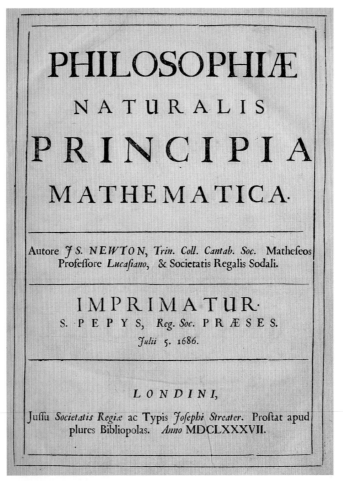

图3　牛顿《自然哲学的数学原理》第一版
©Press of The Royal Society of London

胡克与牛顿的争论

1686 年，牛顿撰写《原理》第一卷时，哈雷在一次英国皇家学会的会议上对牛顿的研究进展做了介绍。这时胡克站出来指责牛顿剽窃了他的思想。

胡克当时在英国皇家学会是一位很有地位的科学家，胡克声称引力与距离的平方成反比的想法是他首先提出的。哈雷将这一情况告知了牛顿，这激怒了牛顿，牛顿一度声称他打算中断写作并撤回正在撰写的第三卷，在哈雷的劝说下他才最终完成了著作。

胡克为何声称牛顿剽窃了他的思想呢？这源于 1679 ~ 1680 年胡克与牛顿的一次通信。

我们先回顾一下两人在此之前交往的历史。1671 年，牛顿还默默无闻，但因发明反射式望远镜而被英国皇家学会接纳为会员。1672 年，他给英国皇家学会寄去了一篇他的光学论文，其中给出了用三棱镜将白光分解的著名实验，并提出了他的颜色理论和光的粒子假说。

当时，胡克比牛顿名气大很多，他主张光是一种波，也没有仔细阅读和理解牛顿的论文，就很草率地写了一篇批评牛顿光学理论的文章，这件事令牛顿十分生气。因此牛顿花了很长时间写出一篇反驳胡克的文章，由英国皇家学会秘书奥尔登堡（Oldenburg）于 1676 年 1 月在英国皇家学会会议上公开宣读。牛顿的反驳非常有道理，把胡克的一些话驳倒了。

由于奥尔登堡本来就与胡克关系不佳，胡克认为这是奥尔登堡故意挑拨二人的关系，因此他直接给牛顿写信，表达了和解的愿望。胡克的信写得很客气，牛顿在回信中也冠冕堂皇地说了一番"学术至上""欢迎指正"等客套话。

牛顿经常被人引用的"假如我看得比别人远一些，是因为我站在巨人的肩上"其实就出现在这封回信中，这句话也不是牛顿的原创，而是 12 世纪哲学家沙特尔的贝尔纳（Bernard of Chartres）的名言。这封信是不是像有的人猜想的那样，是牛顿对胡克的嘲讽？因为胡克比较矮，还有些驼背。实际上这种猜测是不太可能的。因为两人写信是在发生万有引力优先权的争论之前，也是双方正想和好之时，所以这封信不大可能如某些人猜测的那样，是对胡克的嘲讽。

这句话的完整引用实际上是这样的："（在光学上）笛卡儿迈出了很好的一步，你（胡克）又在几个方面增补良多，特别是把薄膜颜色引入了哲学讨论。假如我看得比别人远一些，是因为我站在巨人的肩上。"这段话的意思是说在光学上，笛卡儿首先做出了一个很好的讨论，胡克又增加了很多新的内容，这明显是恭维胡克，希望抛开两人之前的学术观点之争而实现和解。

这封信之后，两人的关系得到了一定的改善。到了 1679 年，这时奥尔登堡已死，胡克当上了英国皇家学会秘书。皇家学会秘书的工作职责包括了解会员的研究和意见，胡克借此主动给牛顿写了信，在信中列出了题材广泛的许多学术问题，来征求牛顿的意见。其中比较特别的一个问题是，对胡克的《证明地球运动的尝试》一书中关于行星运动受一个随与太阳距离增大而减小的吸引力影响的学说的意见。这个学说类似于后来万有引力的观点，所以我们说胡克确实也在这方面有所建树。

牛顿在给胡克的回信中并没有一一答复胡克的问题，而是说自己很忙，没时间考虑哲学问题。牛顿不愿与人交往，在给人写信时经常说自己很忙，而且他是个很敏感的人，为了自己的面子常故意表现得对很多问题没兴趣。按照牛顿后来的说法，他自己也觉得这样回复胡克未免有点儿简慢，因此他在信中又增加了一点儿内容。

牛顿说，既然胡克的著作《证明地球运动的尝试》的主题是证明地球绕太阳公转，并提出可以通过观测恒星一年中的视差变化来证明这个主题（后来的天文学家也确实是用这种方法进行证明的），于是牛顿就提出了一个证明地球自转的实验。

在哥白尼地球运动学说刚提出的时候，人们质疑，如果地球是自西向东自转的，那么人跳起来后为什么还会落在原地，而不是落在起跳点的西面？当然，正如伽利略曾指出的，人和地球是一起运动的。不过牛顿指出，如果从高处释放一个物体使其自由下落，由于物体在高处转动的线速度实际上比低处要大，因此它其实会落在偏东一点儿的位置上，这可以作为地球自转的实验证明。

虽然这个实验实际上不容易做，但理论上没有问题。不过，牛顿在讨论这个理论的时候，不知出于什么原因，随手画了一个假定地球不存在、物体穿过地面继续下落的图，好像地面不存在一样，其轨迹沿着一条螺旋线直到地球中心（图4），这是一个严重失误，立刻被胡克抓住了。

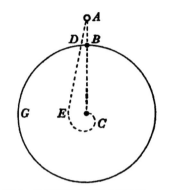

图4　牛顿在信中给出的螺旋线
图源：《通信集二》，第301页

胡克回信提出落体应该类似行星，轨迹应该是一个椭圆（图5）。这也说明胡克当时对行星的运动有一个很好的理解。牛顿在第二封回信中承认轨迹确实不应该是螺旋线，不过他指出在力是一个常数的情况下，形成的图形应该有很多瓣，构成不断旋转的线（图6）。

胡克又回信说还是不对，他假定力应该与中心距离的平方成反比。这次牛顿没有再给胡克回信。所以后来胡克看到牛顿写了《原理》后，就指责牛顿剽窃，说引力的平方反比关系来自胡克自己，其依据就是这次通信。

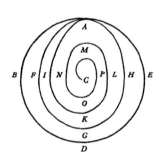

图5　胡克提出的椭圆线
图源：《通信集二》，第305页

胡克与牛顿的这次通信发生在1679～1680年。显然，如果按苹果的故事的说法，牛顿早在1666年就开始思考引力并发现其与距离的平方成反比，那么这一发现就与胡克无关了。当然，也正是因为如此，有些人怀疑这个故事是牛顿为了证明自己的优先权而编造的。那事实到底是怎么样的呢？

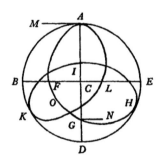

图6　牛顿讨论的常力作用下的运动轨迹
图源：《通信集二》，第307页

重力概念的提出和形成

实际上，牛顿在自己的著作中并没有提到苹果，但他的确提到早在17世纪60年代他就推导出了平方反比关系，并考虑了地球上的重力是否会延伸到月球，还进行了验算。所以牛顿并不认为自己受到了胡克的启发。牛顿说的对不对？他是根据什么进行分析的呢？

实际上，这个计算在《原理》的第三卷中也给出了，根据圆周运动向心加速度的公式，然后借助开普勒第三定律，就可以推导出力的平方反比关系。

如何验证这一关系呢？一方面，当时天文学家已经知道月球与地心的距离是大约60个地球半径，因此地球表面重力加速度应该是月球轨道向心加速度的3600倍，这个加速度可以根据地球到月球的距离和月球绕地球旋转的周期（一个月）求出来；另一方面，地球表面的重力加速度也可以使用单摆测量出来，与上述数值进行比较。

牛顿《原理》第三版的编者亨利·彭伯顿（Henry Pemberton）、牛顿在剑桥大学卢卡斯数学教授席位的继任者威廉·惠斯顿（William Whiston）以及伏尔泰等人，在他们关于《原理》的通俗著作中都说，由于当时所知的地球半径不准确，实测的重力加速度是4000倍，与3600倍接近，但并不完全符合。按照他们的说法，牛顿因此没有立即发表自己的这一理论，并怀疑月球的运动还受到其他力的作用，或者如同笛卡儿所说的那样，随旋涡运动。

后来，法国天文学家让·皮卡尔（Jean Picard）测出了比较准确的地球半径，两个数值就符合得很好了，牛顿在他的《原理》中采用了这个新的测量值。此后，许多物理学教科书沿袭了这一说法，例如《费曼物理学讲义》（卷1，§7-4）就将之作为重视精密实验数据的科学态度的一个例子。不过，近年来出版的物理学教科书大多删除了此种说法。这主要是因为现代的历史学家们通过对牛顿手稿的研究得出了新的结论。

今人能根据牛顿的手稿对他的思想演化过程进行深入的研究，首先要归功于牛顿本人。牛顿喜欢通过记详细的笔记进行学习和研究，作为完美主义者，他总会修改、重写自己的论文，所以常常留下同一著作的多个版本，而且这些文稿没有被他丢弃，从而保留了下来，使人们可以了解其思想的演化过程。

其次，这也多亏了康杜特夫妇。牛顿去世的时候，继承其遗产的大部分亲属没有受过教育，他们主要关注牛顿手稿中那些近乎完成、能够出版的部分，希望通过出版这些手稿分到一点儿版税。康杜特夫妇则意识到牛顿手稿的巨大历史价值，因此他们小心地把包括计算草纸在内的全部手稿保存下来，并传给了后人。

由于大部分的牛顿手稿并未标明日期，因此只能根据其内容和笔迹推断出大致的年代。人们在牛顿 17 世纪 60 年代的手稿中的确找到了几篇相关的文稿，牛顿在其中成功地推导出圆周运动的公式。

这个圆周运动的公式当时还没有发表过，后来荷兰科学家惠更斯首次将其公开发表，但是牛顿是独立得到这一结果的。牛顿也的确进行了上述月球与地球的比较演算，并且正如人们所说的，两个数值不符的原因确实是当时采用的地球半径不准确。此外，牛顿还演算了各行星与太阳距离的变化。这些都验证了牛顿从那时起就开始考虑重力的说法。

但是历史学家同时也发现，在 17 世纪 60 年代，牛顿的观念还是比较混乱的。当时，针对直线运动，伽利略和笛卡儿已经表述了类似我们今天说的惯性定律的内容，即未受力的物体可以保持匀速运动。甚至，伽利略还分析了抛体运动，发现斜抛物体的运动可以分解为水平方向的匀速直线运动和垂直方向的匀加速运动。

但是对于圆周运动，当时人们的概念并不是很清晰，而且存在一些错误。从经验可知，当人们用手挥动一个铁锤的时候，会感到需要用力抓住铁锤，否则它就会脱手飞出，这被当时的人们视为物体做圆周运动时的一种沿着切线方向的离心趋势（conatus）。牛顿计算的也是这种离心趋势的大小，他当时使用的就是 conatus 这个词。至于我们现在认为物体做圆周运动所需要的向心力（centripetal force），是在牛顿后来的著作，特别是《原理》中才清晰阐明的。

因此，现代的历史学家们认为，牛顿的这些手稿表明，尽管其中的公式在形式上与他后来在《原理》中所给出的类似，但他在 17 世纪 60 年代还没有形成后来所说的万有引力概念。

当时的人们，包括牛顿，都主要受到笛卡儿哲学的影响。牛顿进入剑桥大学读书时，他学习的标准课程还是经院哲学，但牛顿不久后就开始自己阅读笛卡儿著作，并从中学习了数学和科学知识。

笛卡儿派的自然哲学称为机械论哲学（mechanical philosophy）。笛卡儿注意到了物体的运动守恒，即我们今天所说的动量守恒，他主张物质通过相互接触而相互影响和改变运动状态。他认为宇宙中没有真空，到处都充满了物质，没有不含物质的空间，非常类似于人们后来所说的以太。笛卡儿认为这些以太的旋涡驱动行星转动。在这样一种理论中，并没有清晰地形成"力"的概念。实际上，当时"力"这个词还没有今天这种明晰的定义，只具有人们日常生活中使用的模糊含义。

直到撰写《原理》的时候，牛顿在其拉丁文原文中也用了惯力（vis inertiae）这个词，其意为保持物体运动状态不变的"内在力"，当然今天人们一般都只说惯性（inertia）而不再说惯力了。甚至，《原理》长期流行的英文版，即莫特（Motte）与卡乔里（Cajori）的英译版就干脆将其翻译为惯性（inertia），而没有翻译为惯力（force of inertia）。在科恩（Cohen）与惠特曼（Whitman）版《原理》中，为了原汁原味地保留拉丁文版的历史风貌才又恢复翻译为惯力（force of inertia）。其历史原因可能是牛顿当时未能形成对圆周运动中物体受力的清晰概念。

即便如此，我自己对这种说法还是有些疑惑。牛顿显然意识到，维持月球绕地球旋转，需要某种指向地球中心方向的东西，也就是使苹果下落的重力。作为仅仅自学两年就能完全掌握当时所有的数学并发明微积分的天才，为什么会就这个问题长期停留于一种模糊而错误的概念呢？这殊不可解。

无论如何，现代历史学家们认为在 17 世纪 60 年代，牛顿还未真正形成引力的概念。那么，牛顿最终怎样形成了他在《原理》中给出的，也就是我们在经典物理中学习的力的观念呢？按照历史学家们的考证，牛顿的思路受到了两方面的影响：炼金术和胡克。

炼金术帮助牛顿认识"力"

我们常常读到一种说法，即牛顿晚年沉迷于神学和炼金术，因此未能在数学和科学上做出更多新的发现。实际上这种说法并不准确，因为牛顿并非晚年才沉迷于神学和炼金术。恰恰相反，他对这二者产生兴趣并不晚于数学和自然科学，而且实际上，他在晚年已停止了对炼金术的研究。只不过，牛顿对自己在这些方面的研究一直秘而不宣。关于牛顿对神学的研究，我们暂且不提，这里简单说一下炼金术。

牛顿热衷于化学或炼金术实验是当时的人就知道的，不过人们并不清楚他研究的内容。20世纪20年代，牛顿的手稿被康杜特夫妇的后人拍卖，著名经济学家约翰·梅纳德·凯恩斯（John Maynard Keynes）尽力购买了其中一部分，发现其中包含了大量炼金术的内容（图7），这时牛顿的这些研究才为人所知。

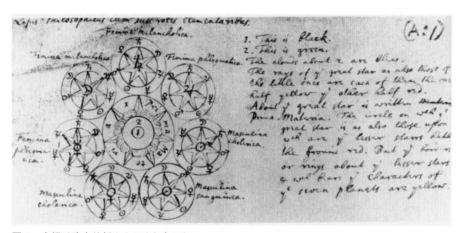

图7　牛顿手稿中的哲人之石（点金石）
图源：John Faurel, ed., et al. *Let Newton Be? A new perspective on his life and works*. New York: Oxford University Press, 1988, pg 156

在今天我们已经了解了物质的原子结构的情况下，炼金术被视为一种伪科学。不过在牛顿的时代，这并不是一目了然的。当时，炼金术（alchemy）与化学（chemistry）刚刚分离开来，二者的很多技术都还是类似的。一些化学家，如罗伯特·波意耳（Robert Boyle），也在常规化学研究之外继续从事炼金术。

不过，即便在当时，炼金术与常规化学也有两方面的不同。一是当时的炼金术士们都很神秘，他们在彼此交往或者发表著作时经常使用假名。牛顿与一些人进行过神秘的会面，人们认为可能就是与某些炼金术士相见，但现在仍不清楚他们究竟是谁。

二是炼金术有一整套神秘而复杂的术语和理论体系。比如太阳☉代表金，月☽代表银，水星☿代表水银，金星♀代表锑，火星♂代表铁，木星♃代表锡，土星♄代表铅，星 * 代表氯化铵，等等。这些都是比较容易理解的，还有很多更难理解的东西。炼金术的那些化学反应也被炼金术士用一整套神秘的原理加以解释。

比如有一段典型的炼金术描述（取自牛顿手稿）如下："关于镁或者绿狮子，也被叫作普罗米修斯或者变色龙。也叫双性人，以及处女翡翠土。太阳之光从未能照耀到它，尽管太阳是父亲而月亮是母亲。普通水银，天之甘露可以使土肥沃，硝石更佳。它是土星属的。"大家可能每个词都明白，却不明白整段话说的是什么。这段话实际上描述的可能是一个化学反应。

顺便说一件有趣的事：微积分的另一位发明者莱布尼茨早年也曾对炼金术产生兴趣，他在读了一通炼金术著作后无法理解，于是幽默了一把，模仿炼金术士们著作的风格和术语，给当地（德国纽伦堡）的炼金术士协会写了一封信，结果竟被当成了行家而被聘为协会秘书。

牛顿为什么要去从事炼金术？他研究炼金术不是为了发大财，而是把炼金术视为对大自然的神秘规律的探索。凯恩斯有一句经常被引用的话："牛顿不是理性时代的第一人，他是最后一个巫师。"

但牛顿研究炼金术的风格其实并不像巫师，而是与他研究别的学问的方式相似：非常系统化和科学化。牛顿买来了各种能搜集到的炼金术文献大全和秘籍，按照他自己的理解制作了一套索引，或者说一本炼金术辞典，把炼金术里面的各种概念和问题分门别类列出，然后把各种著作中有关的陈述按这些条目摘录下来，很多条目有多达几十条不同著作的摘录。

同时，牛顿不完全相信这些著作，而是自己动手做实验，他购买和制作了很多实验设备，而且尝试了各种不同的配方比例，这些也都被他一一记录在案。当其他学者想就数学、自然哲学等问题与牛顿交流或商榷时，牛顿常常表示自己的兴趣已转到化学上，没有兴趣讨论数学和哲学，也经常有信不回。牛顿很可能是历史上对炼金术研究最深、最广的人。但遗憾的是，这是一个死胡同，即使以牛顿的天才和勤奋也无济于事，他什么也没发现。

不过，炼金术对牛顿的一个影响，是促使他摒弃了笛卡儿式的机械论哲学。根据研究牛顿手稿的历史学家的分析，尽管此时他撰写的自然哲学论文中并未直接提及炼金术，但是从其用语中仍可以看出牛顿受到了炼金术思想的影响，炼金术中物质神秘的相互作用使牛顿接受了物质之间存在吸引力的观念，并把"力"的概念放在自然哲学更为中心的位置。

牛顿与胡克

胡克在其 1674 年的书以及 1679 ~ 1680 年与牛顿的通信中所阐明的一些观念，很类似于最终的万有引力理论，对牛顿也有很明显的影响。应该说，胡克对于万有引力的发现确实是有所贡献的。

实际上，胡克对牛顿最重要的影响，可能是使牛顿重新思考圆周运动，发现了原来概念的错误，并最终形成了向心力导致圆周运动的这一正确解释。而一旦克服了最初的错误观念，牛顿的数学天才就发挥出来，使他很快建立了正确的天体力学理论。

另外，即使在《原理》撰写之前，牛顿以及雷恩、哈雷等人都很自然地产生或接受了行星受到太阳的引力作用的想法。而后来欧洲大陆的很多哲学家，如惠更斯、莱布尼茨等人都觉得这种"超距作用"的观念颇难接受，这恐怕与胡克的著作不无关系。

牛顿在与哈雷的通信中也承认，他是在与胡克通信之后，才计算了行星的轨道并得出了这些轨道是椭圆的结论。遗憾的是，胡克非常草率地公开指责牛顿剽窃，并且他似乎不清楚自己对牛顿的真正影响在何处，而是特别强调了引力的平方反比形式来自他自己，这理所当然地遭到了牛顿的反驳。

实际上，之前很多人都猜想过平方反比定律，而且正如牛顿的手稿所表明的，他自己也早就得到过平方反比的结果，在这方面他确实不需要胡克。尽管如此，牛顿在《原理》第三卷中还是提到哈雷、雷恩和胡克都提出了引力与距离的平方成反比的想法。

牛顿的《原理》一书不仅给出了运动定律和万有引力定律，还发展了流体力学理论，论证了笛卡儿旋涡不可能满足行星的开普勒运动定律。他不仅从行星运动的开普勒定律导出了行星受到的力来自太阳并满足平方反比关系，解释了大行星、木星和土星的卫星、月球、彗星等的运动，还发展了初步的微扰理论，能够更精确地预测行星轨迹。他还给出了关于潮汐、地球的形状、地球极轴进动等的定量理论。

1687年，《原理》最终在哈雷的努力下得以出版，成为近代科学革命中的里程碑。

总之，从历史文献来看，牛顿确实在看到苹果下落后受到启发，开始思考重力与月球及行星运动的关系，最终发现了万有引力。当然，这一过程并非一蹴而就，而是持续了大约二十年，而且在此过程中，牛顿也受到了胡克等人的影响。

所以，这个故事是真实的，但它并不是一个简单的故事。完整的苹果的故事其实很好地展示了科学创新的过程，非常值得向大众讲述。

第二篇
我们飞出地球玩

太阳系主要家庭成员的合影。这张图只展现了各位成员大致的身材比例，而且它们平时的距离也没有这么近。

假期不在地球玩

李海宁

假期时，许多人会选择出去旅行，每个人心中一定都有最向往的目的地。它也许在地球的另一端，也许就在离家不远的某个地方。无论怎样，极少有人会离开我们脚下的这颗蓝色星球。下个假期，让我们逃离地球的引力，来一场说走就走的行星际旅行，到太阳系的其他大行星上去游历一番吧！

在出发之前，让我们先浏览一下这趟旅程的大致路线。篇首图展示了太阳系的主要成员，相信你一定不陌生。而这次我们要去近距离接触的，就是太阳系里除了地球之外的七颗大行星。

蓝色落日与太阳系珠峰

首先，让我们先朝着远离炎热地带的方向行进。第一站，就是电影《火星救援》里马特·达蒙种土豆的火星！火星（Mars，图1）不仅拥有极冠[①]、峡谷和火山，还有和地球相似的自转速度和转轴倾角，因此呈现出与地球类似的昼夜更替和四季变换，所以我们总是说火星是地球的姐妹星球。不过，地球上有地球人，火星上也有火星人吗？让我们带着这个疑问登上火星吧。

[①] 火星极冠：火星南、北极区的白色斑点，17世纪由荷兰天文学家惠更斯发现。它们是火星表面最显著的标志，并随火星季节而变化——当一个半球处于冬季时，该半球极冠增大；处于夏季时，该半球极冠则缩小，甚至消失。极冠的主要成分为水冰，也有少量干冰。

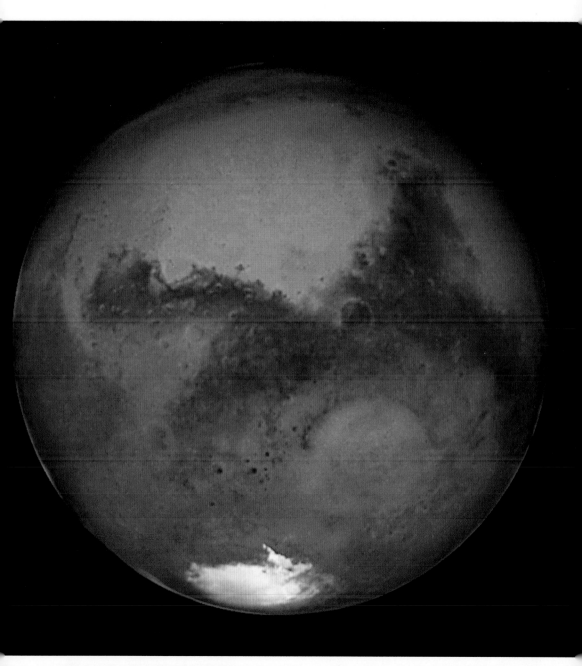

图 1　哈勃空间望远镜拍摄的火星照片
©NASA, ESA, and The Hubble Heritage Team (STScI/AURA)

你在踏上火星的那一刻，也许会有点儿失望——这个姐妹星球的长相可真令人不敢恭维：它的表面被富含氧化铁的物质覆盖，呈现出铁锈的红色，然而，这里除了岩石和沙砾，一无所有（图2）。火星的大气太稀薄，热量散发很快，液态水蒸发迅速，导致火星表面比地球上最干的沙漠还要干燥，水只能以地下冰层的形式存在，因此在火星上完全不需要雨伞。不过保暖工作还是要做好的，因为火星上的平均温度和地球上南极洲严冬时的温度差不多。

图2 "火星探路者号"探测器拍摄到的火星表面
©NASA/JPL

　　到火星上来，一定不能错过"蓝色落日"（图3）。因为大气成分的关系，太阳西下的时候，我们在火星上看到的落日不是橙黄色的，而是淡蓝色的。岩石、土壤和锈尘一直在吹拂干冷的大气层。火星大气非常稀薄，且存在大量尘埃，这些尘埃在大气散射中发挥了重要作用。尘埃会将光向前散射，而且散射红光的角度比蓝光更大，因此当我们站在火星上看落日时，在地平线附近看到的是蓝光，这是阳光穿过火星尘埃大气底层时产生的结果。

图3 "勇气号"火星探测器拍摄的火星上的蓝色落日
©NASA/JPL/Texas A&M/Cornell

如果你喜欢峡谷，那么火星上的水手号峡谷群（Valles Marineris，图 4）一定会让你心满意足。这条太阳系第一大峡谷宽约 200 千米，深约 7 千米，长约 4000 千米，几乎能够横贯整个北美大陆。即便在太空中，它也是火星的一大醒目标志。对环形山的研究表明，水手号峡谷群的年龄可达 35 亿岁。

水手号峡谷群的成因仍然是个谜团。说是"峡谷"，却不是地球意义上真正的峡谷，因为它的形成并没有流动的水的参与。行星天文学家推测，它是火星壳层力量使表面分裂而形成的。由此产生的裂缝称为构造破裂，在塔尔西斯[①] 隆起的各个地方都有发现，水手号峡谷群是其中最大的一条。

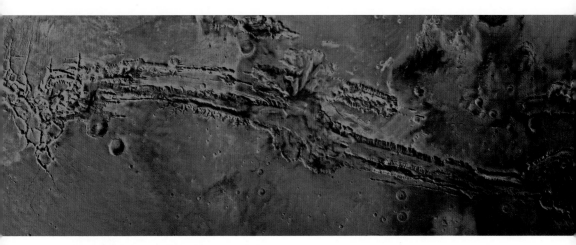

图 4 "海盗号"探测器拍摄的水手号峡谷群
©NASA/JPL-Caltech/USGS

如果 4000 千米长的水手号峡谷群对你来说仍然不够刺激，那么跟我来，我们到火星的最高峰——奥林波斯山（Olympus Mons，图 5）上去"一览众山小"。这座火山高约 21 千米，约为珠穆朗玛峰高度的 2.4 倍，山脚所占面积比英国还大。它是太阳系中最大的火山兼高山，因此也被称为"太阳系的珠穆朗玛峰"。

———————————

① 塔尔西斯（Tharsis）是火星西半球赤道附近一处辽阔的火山高原，该地区为太阳系中最大火山所在地。

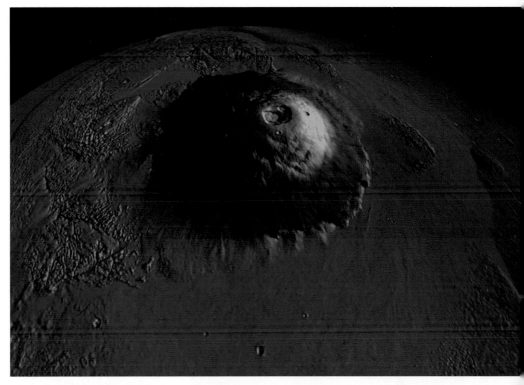

图 5　奥林波斯山伪彩色照片
©NASA/Goddard Space Flight Center Scientific Visualization Studio

　　火星上的火山为什么这么高？盾状火山是由于熔岩流出和扩张而形成的，其最终高度依赖新的火山支撑自身重量的能力。行星的重力越小，山的重量也越小，山自然就会越高。比如，金星上的麦克斯韦山脉和地球上的夏威夷盾状火山上升到大致相同的高度——高于各自的基点约 10 千米——这绝不是偶然，而是因为地球和金星的表面重力大小相近。而火星表面重力大约只有地球的30％ ~ 40％，所以火山上升的高度能达到地球的 2.5 倍。

　　火星上究竟是否存在或者曾经存在过火星生命呢？要寻找生命，首先要寻找水。如果我们有时间在火星上漫步，只要足够仔细，就能看到径流通道网络和火星古代海洋可能存在的一些痕迹。这些证据强烈暗示我们，在遥远的过去，火星上存在流动的水。而科学家们在火星上发现的"溅溅"撞击坑，也表明这些陨石坑的喷发物曾经是液态的。

多次火星空间和实地探测表明，大部分残留在火星上的水可能是以地下冰的形式存在的（图6）。意大利科学家更是利用欧洲空间局的火星探测器的雷达，在火星南极极冠下发现了直径约20千米的高盐度地下湖，这些液态水的存在很可能会为火星生命的诞生和发展提供条件。

与地球相比，火星的个头儿要小不少。所以，假如能够成功地修建一条环火星高速公路，那么你只要花上两个星期，就能够完成一次环火星自驾游了。如果你厌倦了地球上的风景，觉得珠穆朗玛峰不够高，科罗拉多大峡谷不够长，那么这个红色星球就是你寻找壮美风景的绝佳选择。

图6 "凤凰号"探测器在火星上发现了冰

©NASA/JPL-Caltech/University of Arizona/Texas A&M University

灵活的胖子

离开行星际旅行的第一站——火星之后，继续朝远离太阳的方向前进，我们的目标是：巨行星们！

这个有一只大眼睛的家伙就是木星（Jupiter，图7）。木星，希腊人称之为"宙斯"，在神话里是众神之王。木星确实无愧于这一称谓，它是太阳系里最大的一颗行星，"体重"是地球的约 318 倍。这大概是个什么概念呢？如果把太阳系的另外 7 颗大行星的质量加起来，也只能达到木星质量的大约一半。

图 7　哈勃空间望远镜拍摄的木星照片
©NASA, ESA, A. Simon (Goddard Space Flight Center), and M.H. Wong (University of California, Berkeley)

木星是天空中第四亮的自然天体（仅次于太阳、月球和金星）。别看它个头儿大，却是个灵活的"胖子"。木星的公转周期约为 12 地球年，而自转速度是八大行星中最快的，自转一圈需要约 0.413 54 地球日，这说明木星不可能是固态行星。木星被浓厚的大气包裹着，大气下是液态的"海洋"，它是个液态行星。

木星上一直盯着我们看的"大眼睛"就是著名的"大红斑"（Great Red Spot）。其实这只"大眼睛"是一个巨型风暴，它从 1664 年第一次被发现，一直持续到现在。大红斑不仅耐力好，而且其规模也非同一般，大约可以容纳两到三个地球。大红斑等木星风暴系统对于地球上的科学家还有一个很重要的意义，就是可以让他们在地球上无法实现的环境下研究大气动力学的复杂性。

木星对于我们来说，还有一层非常特殊的身份。在太阳系里，彗星和行星撞击的大型冲突事件大约每 50 年就会发生一次。木星表面曾有一串深色的撞击痕迹，那是一次木彗大冲撞的战斗遗迹。不过，由于木星是一颗液态行星，这一痕迹早已不复存在。但试想，如果没有庞大的木星舍身阻挡，这一串彗星将很有可能越过小小的火星直击地球。所以木星对于地球以及我们这些地球上的生命来说，还扮演着"守护神"的角色。

1610 年，意大利天文学家伽利略第一次将人类的目光投向木星。通过小小的望远镜，他发现木星并不是孤独的，还有四颗小卫星在它周围。这不仅仅是人类第一次发现木星和它的小家庭，更是人类第一次意识到，地球并不是宇宙的中心，其他星球也有围绕着自己转动的天体。

身为"众神之王"的木星统治着一个庞大的王国。根据最新数据（截至2023 年），"木星王国"拥有 92 颗卫星，最大的四颗就是伽利略发现的那四颗，它们也被称作"伽利略卫星"（图 8）：木卫一（Io）、木卫二（Europa）、木卫三（Ganymede）和木卫四（Callisto）。这四颗卫星拥有不同的结构，形态、相貌各异，其中最出名的要数个头儿不大的木卫二。

图 8　木星的四大卫星合影
©NASA/JHU–APL/Southwest Research Institute

木卫二体积比月球小，但密度和月球差不多。它是一颗表面光滑、非常明亮的天体（图9），木卫二的表层可能覆盖着一层至少50千米厚的海洋，海洋的上面又覆盖着一层约5千米厚的冰层，也许这就是木卫二的表面如此光滑、反照率又这么高的原因（图9）。由于液体海洋的存在，有人认为这里可能存在生命。继火星之后，木卫二重新燃起了人类在太阳系内寻找生命的希望。

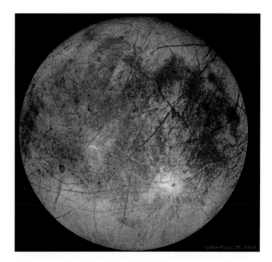

图9 "伽利略号"探测器拍摄的木卫二
©Galileo Project, JPL, NASA

最上镜的星球

离开木星继续远行，就会看到一颗身披美丽光环的星球：土星（Saturn）。土星是太阳系第二大行星。它也是伽利略1610年通过望远镜第一次观察到的。别看它体积庞大，如果你能找一个足够装下土星的大盆，放入水，你会发现它居然能漂在水上！这是因为土星是气态巨行星，它的密度比水还小，大约0.7克/立方厘米。

土星最著名的外号是"指环王"，因为它拥有复杂而多变的光环系统（图10）。这些光环并不是连续的，而是分别由不同物质组成。科学家们根据发现的顺序，将这些光环命名为A、B、C、D、E、F、G环等。光环盘面随着土星一起绕太阳转动，如果地球上的观测者长时间观察土星环，就会发现随着时间的变迁，土星环呈现出了不同形态和角度。甚至在土星约为29.5个地球年的公转周期中，有一个极为特殊的时刻——地球恰巧与光环盘面处在同一平面。这时，地球上的人会发现，土星环神奇地"消失"了！

图 10 "卡西尼号"探测器拍摄的土星环
©NASA/JPL–Caltech/Space Science Institute

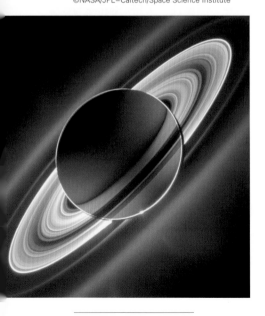

　　虽然太阳系的美图千千万，但是这张土星倩影我必须强烈推荐（图 11）。这张照片结合了可见光、红外线和紫外线数据，由"卡西尼号"探测器搭载的摄像机拍摄。"卡西尼号"在 2005 年飞到土星身后，蓦然回首之际拍摄了这幅内太阳系①的照片。

图 11 "卡西尼号"探测器拍摄的内太阳系照片
©NASA/JPL–Caltech/SSI

———————————

① 在火星和木星轨道之间，按一定轨道绕太阳运行的小天体形成一个小行星带，小行星带以内的区域就是内太阳系。

此图不仅揭示了土星及其错综复杂的光环的精致细节，同时也产生了意想不到的精妙构图：照片底部中心位置的明亮光点是太阳的一部分；在八点的位置，刚好位于最亮光环外侧的点则是一颗暗弱、遥远的行星——地球的反射光造成的斑点。

假如有人为太阳系的天体举办选美大赛，相信凭借这张令人惊叹的照片，土星一定能夺得"最上镜奖"。

和木星一样，巨行星土星也拥有自己庞大的卫星系统。其中有两个非常有趣的代表：土卫二（Euceladus，图 12）和土卫六（Titan，图 13）。

土卫二很小，却十分明亮。乍看之下，它的表面就像覆盖着刚落下的雪；仔细看，上面有山脉，也有裂缝。"卡西尼号"探测器曾拍摄到有物质从土卫二的南极喷出。最开始科学家们以为是摄像机坏了，后来才发现那是一排排巨大的间歇泉，将水和冰晶从雪白的表面喷入太空。目前最明显的迹象表明，那些物质可能来自地下海洋，是地热将其喷出。土卫二的南极竟然温度很高，这听起来就像说地球北极比赤道热一样离谱！

图 12 "卡西尼号"探测器拍摄的土卫二
©NASA/JPL-Caltech

或许，你以为这颗小卫星死气沉沉，然而，不但它的表面之下暗流涌动，而且其表面之上还具备生命所需的一切：能源、水源、有机物和氮。这颗小星球的发现令寻找地外生命的人们大为惊喜。

土星另一颗有趣的卫星就是土卫六。这是太阳系里唯一一颗拥有大气的天然卫星。土卫六具有固态的地面和稠密的大气层，表面遍布湖泊、河流，从地形图上看，和地球有几分相似。不过，这些湖泊与河流里流淌的可不是我们可以饮用的水，而是液态天然气，所以土卫六也被戏称为"太空补给站"。

图13 利用"卡西尼号"探测器数据合成的土卫六照片

©NASA/JPL/University of Arizona/University of Idaho

最远的星球

结束巨行星之旅，我们就要进入太阳系最外围的两大行星主宰的空间了。

离开土星，继续往外太阳系方向行进，我们会看到一颗"躺着"的星球，它就是天王星（Uranus，图 14）。天王星是太阳系第三大行星，拥有像刀片一样薄的光环。天王星和海王星都属于冰质巨行星（气态行星的子类）。天王星和海王星呈蓝绿色，主要是其大气中含有甲烷造成的。

人们开玩笑说天王星是一颗非常懒惰的行星，因为无论春夏秋冬，它都斜倚着。科学家们一直很想弄明白个中缘由。

早前有一种观点认为，曾经有一颗爆发力极好的大彗星撞上了天王星，把它撞翻了。但后来科学计算表明，想要实现这个过程，还是相当有难度的。目前人们普遍接受的一种观点是，以前木星和土星的位置同现在是相反的。有一天，这两个大家伙突然决定换个位置玩玩，它们巨大的拖曳力却

图 14　哈勃空间望远镜拍摄的天王星
©NASA, ESA, and M. Showalter (SETI Institute)

牵连了无辜的天王星，使它变成了现在这种奇特却稳定的姿态。

天王星有一颗非常特别的卫星——天卫五（Miranda，图15）。这颗拥有高山的小星球上的重力非常小，因此当你从天卫五上的高山之巅一跃而下时，并不会以极快的速度下坠，而是会像拥有翅膀一样，悠然翱翔。如果你像我一样，很想体验高空飞行的快感，又无法承受蹦极的刺激，那么这里一定是个极佳的去处。

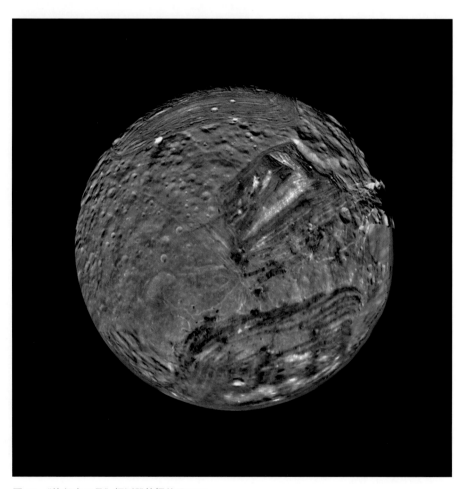

图15 "旅行者2号"探测器拍摄的天卫五
©NASA/JPL/USGS

图 16　"旅行者 2 号"探测器拍摄的海王星
©NASA/JPL

　　告别天王星继续前行，我们将会遇到一颗蔚蓝色的星球：海王星（Neptune，图 16）。海王星是太阳系最边缘的行星，它和地球一样，拥有迷人的蓝色外表。不过，产生蓝色的原因并不是其表面有海洋，而是其大气中充沛的甲烷吸收了太阳光中的红光。

　　从 1989 年"旅行者 2 号"探测器给海王星拍摄的照片中，我们能清晰地看到它的表面有一个大暗斑，整个暗斑差不多跟地球一样大。其实这是海王星大气中的风暴系统，在结构上与木星的大红斑可能相似。不过非常奇怪的是，近年来大暗斑已经消失，但原因不明。

极热挑战

最后，我们要前往的区域属于太阳系的热带地区。

其中距离地球较近的是金星（Venus，图 17）。金星比地球略微小一些（直径约为地球的 95%，质量约为地球的 80%），其内部密度与化学组成都和地球十分类似，因此被称为地球的"双胞胎"星球。金星是天空中除了日月之外最亮的星星，古语中"东有启明，西有长庚"说的就是它。

金星表面火山遍布，是名副其实的火山王国。同时，金星的大气非常浓厚，并且含有大量的二氧化碳，形成了天然的温室效应，从而造就了太阳系最炎热的星球表面。

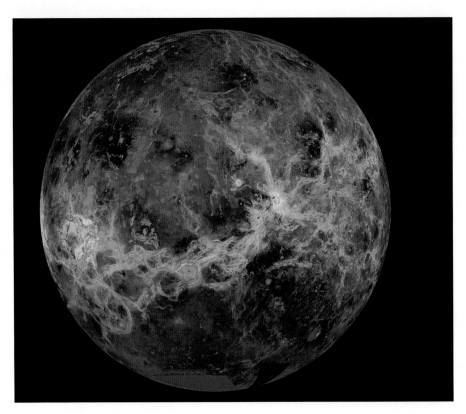

图 17 空间探测器合成的金星照片
©NASA/JPL–Caltech

金星不仅是个火山"富豪"，也是个"美食大亨"。我们可以在金星表面看到很多像"煎鸡蛋""烤饼干"之类的"美食"地貌（图18）。不过哪一个都不能真吃，它们只是火山喷发和高压大气相互作用而形成的独特地貌特征。

图 18　"麦哲伦号"探测器捕捉的金星"煎鸡蛋"
©NASA/JPL

关于金星，还有一点非常重要，那就是它的自转方向和地球相反。所以如果你在金星上面迷路了，希望通过太阳来辨认方向，千万要记住，在金星上，太阳是西升东落的。所以，在这里形容不可能发生的事情，千万不要说"太阳打西边出来了"，因为这种事在金星上实在再正常不过了。

我们旅行的最后一站就是水星（Mercury，图 19）了。水星是太阳系里距离太阳最近的行星，也是个头儿最小的行星。水星的模样和月球颇有几分神似，都是坑坑洼洼，极不平坦。这是无数次行星际撞击留下的遗迹。

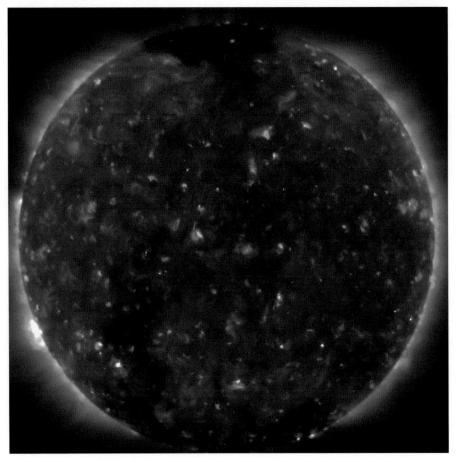

图 19　日出卫星拍摄到的水星
©JAXA/NASA/SAO/Montana State University/NAOJ

在太阳系中，水星也是一颗拥有磁场的行星。大量来自太阳辐射的高能粒子与它的磁场相互作用，可能形成类似极光的过程。

短暂的太阳系行星际旅行就要结束了。尽管我们在旅行结束时会感到意犹未尽，但太阳系还有许多美妙和奥秘在等待我们去探索。

长久以来，人类从未停止过探索太阳系的脚步。我们派出了不计其数的飞船和探测器，试图探索地球以外的世界，寻找第二个适合人类生存的家园。每一次，我们都带着找到答案的希冀启程，但是每一次我们得到的都是更多的惊奇和疑问。想要揭开奥秘，似乎只有前往那里亲自探索。而目的地遥不可及、变幻莫测，这也许就是太空探索和天文研究的魅力所在吧。

太阳系的体检表

姜晓军，王汇娟，袁凤芳，张君波

在本文中，我们一起来漫游太阳系！

太阳系在哪里呢？纵观正在加速膨胀的宇宙，我们从数以千亿计的星系中锁定一个并不起眼的像旋涡一样的星系，这就是银河系（图1）。银河系从中心旋转出多条旋臂，太阳系就位于其中一条叫作猎户臂的边缘地带。银河系中有千亿颗像太阳这样的恒星，最新研究表明，恒星周围存在行星是比较普遍的现象。这样一个如沧海一粟的暗淡角落，却几乎是我们人类赖以生存的整个世界。

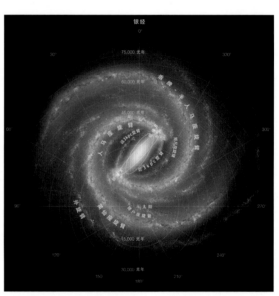

图1 银河系示意图（俯视图）
©NASA/Adler/U. Chicago/Wesleyan/JPL–Caltech，并稍作修改。修图：邱鹏

整个世界。如同生存在池塘中的鱼，人类从未走出这片"池塘"，而人类发射的探测器才刚刚飞出这个"池塘"的边缘。

太阳系中的核心天体是太阳，它的直径是地球的约109倍，体积是地球的约130万倍。如果用一枚普通鸡蛋的高度（约5厘米）来代表地球的直径，那太阳的直径大约相当于一辆大型家庭轿车的长度，太阳和地球在宇宙间就如同相隔20个篮球场的一辆轿车和一枚鸡蛋。

　　太阳大约占据了整个太阳系总质量的 99.87%，所以太阳系的其他天体都围绕太阳公转（图 2）。太阳距离地球约 1.5 亿千米，这个距离意味着即使光以 30 万千米／秒的速度也要跑 500 秒才能到达地球，所以我们现在看到的太阳是它 500 秒之前的样子。换句话说，我们每看一眼太阳，都进行了一次短暂的时空穿越。（备注：请注意不要在没有专业保护的情况下用望远镜直接看太阳，否则会对眼睛造成不可逆伤害！）这里有一个问题留给大家：你还能亲眼看到你或你的父母出生那年的星光吗？

　　太阳的体温如何呢？它表面的有效温度约为 5500℃，辐射能量的峰值对应于光的波长为 550 纳米左右，所以太阳辐射最强的光是黄绿色的可见光，这也

图 2　八大行星围绕太阳公转示意图
©NASA/JPL

是对人眼来说最敏感的区域。太阳的活动周期约为 11 年，在太阳比较活跃的时期，其表面会有很多黑子（图 3）。现在太阳正处于相对活跃的时期。

图 3 可见光波段的太阳和黑子照片，扫描二维码观看视频（2023 年 2 月 27 日）
©NASA/SDO/HMI

太阳的相貌如何呢？我们在不同波段观测到的太阳是不一样的（图 4），通常肉眼所看到的是太阳的光球，这也是太阳大气的最内层。光球的外面是色球，亮度仅为光球的千分之一，平时一直淹没在光球的光辉里，仅在日全食的时候，我们才有机会亲眼见到红色的色球。当然，我们平时也可以通过专业的日珥镜欣赏到太阳的色球。色球上最显著的特征就是日珥。色球的外面是日冕，非常稀薄，温度却高达百万摄氏度。

图 4 在不同波段观测到的太阳
©NASA/GSFC

太阳是由什么构成的呢？天文学家通过研究太阳的光谱（图5），可以确定太阳大气的化学成分，按质量计算，氢约占70%，氦约占28%，比氢和氦更重的元素约占2%。光谱就像是太阳的指纹。

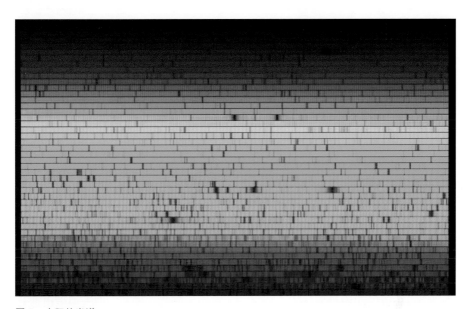

图5　太阳的光谱
©Nigel Sharp (NOAO), FTS, NSO, KPNO, AURA, NSF

太阳的能量从何而来呢？太阳的能量主要来自其中心的核聚变反应。除了核能以外，地球上的几乎所有能量直接或间接来自太阳，正是这些能量孕育了地球的生命。太阳的生命已经走过了46亿年，按目前的恒星演化理论，它还能稳定燃烧约50亿年，然后会变成一个红胖子，接近地球轨道。希望在那之前，我们的地球可以平安流浪，或人类已找到新的家园。

地球和它的兄弟姐妹

接下来，我们还可以一起去拜访一下地球和它的兄弟姐妹，即太阳系的八颗行星。

首先，看一下它们的真实"身高"对比（图6），前文提到太阳和地球相当于相距20个篮球场的一辆大型家庭轿车和一枚鸡蛋。下面依然按这个比例进行介绍。

图 6 太阳系八大行星的真实"身高"对比（距离未按真实比例）
©CactiStaccingCrane，MotloAstro，NASA，ESA

水星（图 7）是离太阳最近的行星，它的直径和与太阳的距离都是地球的约 0.4 倍，相当于距轿车 8 个篮球场的一枚五角硬币。其自转周期是地球的约 59 倍，绕日公转周期约是地球的五分之一。它的大气非常稀薄，白天温度迅速升高至大约 350℃，夜晚温度又快速降低至 −170℃左右，昼夜温差约为 500℃。由于缺乏大气保护，其表面存在很多小天体撞击形成的环形山。

金星（图 8）是我们能看到的最亮的行星。金星的大小与地球相似，相当于距轿车 14 个篮球场的 1 枚鸡蛋。金星有浓密的大气，表面的大气压约为地球的 92 倍，约相当于在地球上潜入 900 米深的海底所承受的压强。金星大气中二氧化碳居多，如包裹了一层棉被，使金星表面昼夜温度都高达 480℃左右。大气成分和高温使金星不适合人类生存。金星是太阳系中唯一自东向西自转的行星，换句话说，在金星上，太阳每天都从西边升起。

地球（图 9）上充满了生机，是人类的美好家园，也是目前唯一证实存在高级生命的行星。

火星（图 10）直径约为地球直径的一半，相当于距轿车 30 个篮球场的一枚一元硬币。火星自转周期与地球相似，也有分明的四季，平均温度为 −63℃。

图 7　水星
©NASA/Johns Hopkins University Applied Physics
Laboratory/Carnegie Institution of Washington

图 8　金星
©NASA / JPL–Caltech

图 9　地球
©Reto Stöckli, Nazmi El Saleous, and Marit Jentoft–Nilsen,
NASA GSFC

图 10　火星
©ESA & MPS for OSIRIS Team MPS/UPD/LAM/IAA/RSSD/
INTA/UPM/DASP/IDA, CC BY–SA 3.0 IGO

此外，火星也有大气，所以人们认为火星上可能存在生命。火星地貌很像地球上的戈壁。当人类第一次有能力摆脱地球引力的束缚去探索深空的时候，火星就成了首选探索目标，直到今天，探索火星上的生命仍然是探索火星的重要任务之一。目前人类已发现火星南极存在大量液态地下水的证据。

从火星再向外前进，就进入了巨行星的世界。水星、金星、地球和火星都主要是由岩石构成的，称为"类地行星"。木星和土星主要是由液态的氢和氦构成的，体积很大，我们称之为"类木行星"或"气态巨行星"。最新研究表明，天王星和海王星可能主要由比氢和氦更重的元素构成（推测可能性比较高的为氧、碳、氮和硫元素，但相关探测仍非常欠缺），且深层物质可能处于超临界流体状态，我们称之为"冰质巨行星"。

木星（图11）直径是地球直径的约11倍，相当于距轿车104个篮球场的一个刚出生的婴儿。木星质量为地球质量的约318倍，相当于其他7颗行星总质量的约2.5倍，是太阳系中质量最重、体积最大、自转最快的行星，平均温度约为 $-168℃$。

土星（图12）直径是地球直径的约9倍，体积和质量仅次于木星，相当于距轿车187个篮球场的一个双肩背包。它最吸引人的是其漂亮的光环。土星是太阳系八大行星中平均密度最低的行星，比水的密度还低。假如有一个足够大的装满水的木盆，把土星投进去，它会像木块一样漂浮在水面。

位于土星以外的两颗行星因为太暗淡，需要借助望远镜才能看到。

天王星（图13）是太阳系唯一"躺着"自转的行星。其直径是地球直径的约4倍，质量约为地球的15倍，相当于距轿车383个篮球场的一个儿童篮球。天王星是1781年由英国的一位爱好天文的音乐教师，即后来成为伟大的天文学家的威廉·赫歇尔（Wilhelm Herschel）用自制望远镜发现的。近200年后，"旅行者2号"探测器证实了天王星至少有10个光环，环主要由石块、尘埃颗粒和冰块组成。目前已知天王星有13个环。

海王星（图14）是离太阳最远的行星。其直径比天王星直径稍小，但质量稍大，相当于距轿车600个篮球场的一个儿童篮球。海王星于1846年被

图 11　木星
©NASA, ESA, Hubble

图 12　土星
©NASA, ESA, A. Simon (GSFC), M. H. Wong
(University of California, Berkeley), OPAL Team

图 13　天王星
©Voyager 2 Team, NASA

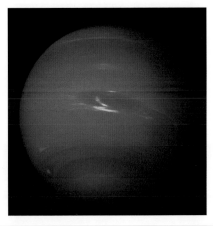

图 14　海王星
©NASA/JPL–Caltech

发现，是唯一人们先利用天体力学理论预测其轨道，而后才被观测发现的行星。海王星上有一个大暗斑，已经存在了100多年，目前被认为是海王星表面的巨大风暴。

太阳系的"粉丝团"

太阳系中除了太阳和八大行星外，还有很多其他天体。比如这些行星的"月球"（天然卫星）、分布在火星和木星轨道之间的小行星，还有彗星和流星体等。

接下来，我们一起去拜访一下太阳系八大行星的"月球"们，即八大行星的天然卫星。所谓天然卫星是相对于人造卫星而言的，是指围绕这些行星公转的自然天体。如果把这些行星称作太阳系明星中的"八大天王"，那这些卫星就如同它们的"粉丝团"。

从太阳系中心出发，首先遇到的水星和金星都是低调的舞者，它们并没有如"粉丝"般追随自己的天然卫星。于是，我们拜访的第一站是地球。

地球只有一颗天然卫星，即我们最熟悉的月球，目前理论比较支持它是与地球同根同源的"死忠粉"。月球是太阳系中的第五大卫星。50多年前，人类宇航员首次登上月球，月球也是目前地球以外人类唯一登临过的自然天体。细心的朋友会发现，我们在地球上观察月球，无论何时何地，看到的永远是月球

的同一面，我们称之为月球的正面。这是由于在万有引力的作用下，经过长期演化，月球已被地球潮汐锁定，达到同步自转状态，即月球围绕地球公转一周的时间与自转一周的时间基本相同，所以在地球上的人们永远只能看到月球的正面（图 15 上图），却看不到它的背面。那么月球的背面到底长什么样子呢？通过途经或围绕月球运转的探测卫星，人类获得了包含高度信息的月球背面三维图像（图 15 下图）。2019 年 1 月初，中国的嫦娥四号成功着陆于月球背面南极附近艾特肯盆地内的冯·卡门陨击坑，并首次获得着陆点附近全景图（图 16），它也是首个在月球背面着陆的人类探测器。

火星拥有两颗已知轨道的卫

图 15　月球正面（上图），月球背面（下图）
©NASA/Goddard Space Flight Center/Arizona State University

图 16　嫦娥四号着陆器环拍全景图（圆柱投影）
图源：国家航天局、中国探月

星，它们分别是火卫一和火卫二（图 17），目前通常认为它们都是被火星捕获的小行星，外形都不规则，基本属于"路人转粉丝"的"路转粉"。火卫一较长的一端与北京从北五环到南五环的直线距离相当，它的密度很小，逃逸速度只有地球的千分之一。假如一位专业跳高选手能站到火卫一表面，他纵身一跃就能把自己"发射"进太空。

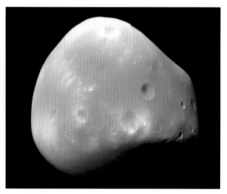

图 17 火星的两颗卫星，火卫一（左图）和火卫二（右图）
©NASA/JPL/University of Arizona

木星拥有太阳系最耀眼的粉丝团，截至 2023 年 2 月，它有 92 颗有固定轨道的卫星，其中有 4 颗又大又亮。400 多年前，当伽利略使用自己制作的望远镜观测木星时，首先发现了木星的 4 颗大卫星，因此后人也将这 4 颗卫星称为伽利略卫星（图 18）。在太阳系最大的 5 颗卫星排名中，伽利略卫星占了

图 18 伽利略卫星的大小对比
（左起依次为木卫一至木卫四）
©NASA/JPL/DLR

3 个，包括第一大卫星木卫三、第三大卫星木卫四，以及第四大卫星木卫一。未进入此排名的木卫二也不得不提一下，目前研究表明，其厚达上百千米的冰层之下存在着比地球上最深的海洋还要深的液态海洋，其中极可能存在地外生命。

土星拥有一个庞大的粉丝团，截至 2023 年 2 月，它有 83 颗已确定轨道的卫星，其中有 70 颗的直径小于 50 千米，比北京从北六环到南六环的直线距离还小。在比较大的 13 颗卫星中，最大的是土卫六，也叫"泰坦"，土卫六也是太阳系中的第二大卫星。照片中它的边缘有些模糊（图 19），这是由于它表面覆盖着浓密的大气，其成分与地球最原始的大气成分非常类似，且土卫六是岩石表面。科学家认为，研究土卫六，有助于了解地球在生命诞生时期的历史，帮助解开生命诞生之谜。

图 19　土星最大的卫星——土卫六
©NASA/JPL–Caltech/Space Science Institute

天王星和海王星的"粉丝团"规模适中，天王星目前拥有 27 颗已知的卫星，其中有 5 颗比较大。海王星则拥有 14 颗已知的卫星，其中海卫一（图 20）比较大，它的质量达到所有绕海王星的天体质量的 99.5%。但是奇怪的是，海卫一与其他同类卫星不同，其运行轨道是逆向的，目前理论认为，它是一颗被海王星成功捕获的"路转粉"卫星。

图 20　海卫一
©NASA/JPL/USGS

流星雨的前世今生

让我们继续一起漫游太阳系！这次，我们一起去看流星雨。你看过流星雨吗？是否也曾在流星（图 21）下许愿？你可知道流星雨从何而来？

在地球大气层以外的外太空中，运行着很多直径小于 1 米的小型岩石或金属体，它们明显小于小行星，大部分的体积和沙砾差不多，我们称之为流星体。流星体大多来自彗星或小行星的碎片，也有少量来自月球或火星等天体抛出的碰撞冲击碎片。流星体在接近地球的时候，受到地球引力影响，改变轨道，进入了地球的大气层。流星体进入大气层的速度介于 11 千米 / 秒与 72 千米 / 秒之间，和大气摩擦产生的高热使它汽化，且电子产生激发，形成光迹，化为流星。有人相信，当天空中出现流星时，如果你向它许愿，就能够愿望成真。这当然没有任何科学依据，但在夜间观察流星，确实是一段美好的经历。

图 21 玉龙雪山上的星轨和流星
摄影：袁凤芳

在这些流星中，有些流星体的体积较大，因此发出的光很亮。当其亮度比金星还高时，我们称之为火流星（图22）。

流星通常都会在天空中燃烧殆尽，但有一些体积较大的流星体会剩下一些物质落到地球表面，这些物质就成为陨石（图23）。

图22　国家天文台兴隆站上空的火流星

摄影：袁凤芳

图23　陨石

摄影：袁凤芳

在光污染较少的地方，只要天气晴朗，就经常能看到流星。这些单个流星出现得很随机，地点和时间都不确定，我们称之为偶发流星。细心的朋友会发现，一般在后半夜看到的流星比在前半夜看到的更多且更亮。这就像在雨中奔跑的人，其前胸会比后背淋到更多的雨一样，地球以30千米／秒的公转速度围绕太阳"奔跑"，同时也在自转，它的"前胸"是正处于子夜到次日中午这段时间的地表。换句话说，后半夜是地球在"撞"向流星体，而前半夜是流星体在"追"地球，因此，后半夜流星体坠入地球大气的概率和相对速度都高于前半夜。

有时，人们观察到许多流星似乎从夜空中的一个点辐射出来，这种现象被称为流星雨，这个点被称为辐射点。每年都会有多次流星雨，其中有三次比较大的流星雨非常适合北半球的居民去观测。它们分别是每年1月4日前后极盛的象限仪流星雨、每年8月13日前后极盛的英仙座流星雨，以及每年12月14日前后极盛的双子座流星雨（图24）。

图 24 2018 年双子座流星雨，扫描右上方二维码观看视频
摄影、制作：袁凤芳

图 25　46P 彗星

摄影：袁凤芳

　　流星雨是成群的流星。那么，为什么流星会成群出现，并且还有辐射点呢？这里不得不提到流星雨的前世——彗星（图 25）。

　　彗星主要由彗核、彗发和彗尾三部分构成，其中彗核和彗发合称为彗头。彗星主要由水、氨、甲烷、氰、氮、二氧化碳等物质组成。彗核一般约占彗星总质量的 95%，主要由凝结成冰的水、二氧化碳、氨和尘埃微粒混合组成。彗核的直径通常只有几百米到数千米，10 千米以上的算是巨大的彗核了。彗星的轨道多为扁长的椭圆形，或者呈抛物线，甚至双曲线。轨道为椭圆形的彗星叫周期彗星，其绕行太阳一圈的时间在几年甚至几万年以上；轨道为抛物线或双曲线的彗星叫非周期彗星，在造访太阳一次之后，就不会再回来了。彗星平时因为距离太阳较远，所以处于冰冻的状态，且光度极为暗淡。一旦进入地球的轨道附近，彗星与太阳的距离缩短，在太阳辐射下，它就会释放出许多气体和尘埃，形成或拉长自己的彗发和彗尾。

　　彗星这颗松散的"脏雪球"在自己的运行轨道上留下了很多尘埃，当地球的轨道和彗星的轨道发生重合，而且当地球每年运行到这个重合点的时候，在地球上的人们就可以看到这颗彗星的尘埃坠入地球大气层内而形成的流星雨（图26）。这颗彗星就叫该流星雨的母体，这个重合点在天空中的位置就是辐射点。当这个辐射点位于天空中某个星座时，我们就称之为这个星座的流星雨。例如，猎户座流星雨就是哈雷彗星的尘埃造成的，其辐射点刚好在猎户座。

　　其实，几乎每天都有流星雨，只是大部分流星雨的流量非常少。因此，当北半球三大流星雨发生的时候，它们还是非常值得观赏的。在光污染严重的大城市，流星的光都被城市的霓虹淹没了，所以当流星雨来临的时候，大家记得要去郊外寻找一个可以看到满天繁星的地方，躺着数流星。

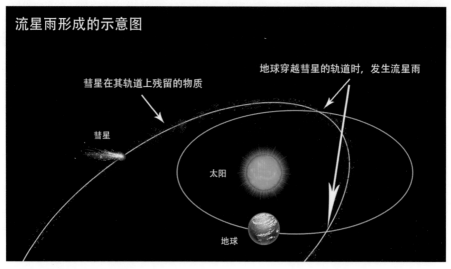

图26 流星雨形成的示意图

制图：袁凤芳

银河，原来你的身材还这么妖娆

邓李才

在春夏之交的时节，沐浴着凉爽的晚风，在户外溜达非常惬意。落霞退尽之后抬头看天，可能会依稀看见几颗闪烁的星星。除了月亮，城市里的人们大概只能在夜空中看到几颗非常亮的星星。根据季节和时间判断，它们很可能是太阳系里的大行星——金星、火星、木星或者土星。在城市的灯光背景下，这个时节用肉眼几乎看不到恒星，但用照相机还是可以拍摄到的。在首都北京的中心地带，在非常晴朗的夜晚也可以看到（或者拍摄到）星星。布满繁星的天幕中最美丽的景象是那一挂明暗交错、深邃而迷幻的银河（图1）。这个时节，在没有灯光背景影响的地方，你可以在入夜后不久看见这种景象从东边的地平线冉冉升起。

我们看见的银河，实际上就是我们所处的星系——银河系的

图1　倒悬的银河系
摄影：邓李才，2018 年 9 月份拍摄于青海冷湖

盘状结构的一部分。因为我们身处其中，所以地球的自转运动和公转运动会带着我们在不同的季节、不同的时间看到银河系不同的部分。在北半球，最引人入胜的是夏季看到的靠近银河系中心的那一段。在同一时刻，银河系可见的区域横跨整个天幕，如果用鱼眼镜头或者用拼接的方法，可以得到一幅非常壮观的画面（图2）。

　　天文学观测研究告诉我们，银河系从远处看是一个盘星系。从上往下看是

图 3 左的样子，从侧面看是图 3 右的样子。这是关于银河系的教科书图像。银河系除了我们看到的"银河"，也就是银盘，还有如图 3 右所示的核球、恒星晕等组成部分。银河系还有质量巨大的暗物质晕，但暗物质是不能被直接看到的。我们看到的银河带之外的漫天繁星，其实就是密度比银盘小很多的恒星晕。包裹银盘的除了恒星晕，还有一个质量和体积都很大的热气体晕，其质量占银河系除暗物质之外总质量的 1/5。

图 2 月光下的雅丹和银河拱门。这是一幅由 24 幅手机照片拼接的全景图像，拱门横跨整个夜空，十分壮观

摄影：邓李才，2018 年 9 月的一个下弦月夜，拍摄于青海冷湖俄博梁雅丹景区

图 3 银河系结构的示意图。左为俯视图，右为侧视图
左图：©NASA/JPL–Caltech
右图：©ESA; layout: ESA/ATG medialab

　　对银河系经典图像的仔细刻画是现代天文学研究的前沿领域，不少发现是很新奇的，有的甚至会改变人们之前的认知。《自然·天文学》在 2019年 2 月 4 日刊登了一篇国家天文台团队的科学论文[1]，就与我们所了解的"银河"直接相关。这项科学研究工作引起了公众的极大反响。之所以产生这样的影响，是因为人们可以看到部分银河，却无法看到银河系的全貌，因此人们可以自由想象。这个科研成果与银河系相关的是图 3 右图中的银盘，我们第一次用恒星作为探针，证实其中的盘不是平直的，而大概是左上翘、右下弯的。

① "An intuitive 3D map of the Galactic warp's precession traced by classical Cepheids". Xiaodian Chen, Shu Wang, Licai Deng, Richard de Grijs, Chao Liu & Hao Tian. *Nature Astronomy* volume 3, pages 320-325 (2019).

银盘是银河系绝大部分恒星，以及几乎全部冷气体和尘埃的居所，密集的恒星构成了一条横亘天际的"银河"，尘埃部分看起来就是其中那些带状的阴暗部分。这些构成盘结构的恒星、气体和尘埃，必须保持某种绕银河系中心的转动，转动产生的离心力就可以平衡朝向银河系中心的总引力，从而维持稳定。

最为直观的物理常识告诉我们，这个盘像一张烙饼似的，是平坦的。这种认识当然是基于银河系引力势接近完美的对称性而得到的。然而，这个对称性并不完美。一方面是出于环境因素，包括现有因素和先前历史因素；另一方面是内部结构上的原因。

所谓环境因素，是指银河系周围还存在一些矮星系。我们现在也可以看到矮星系，如在南半球肉眼可见的大、小麦哲伦云。在银河系形成的历史上，周边的小星系与银河系发生了相互作用（被银河系吞噬了），在不同的时刻融入了银河系的大结构中。无论是现在依然存在的，还是已经完全融入银河系的小星系，它们都会在一定程度上破坏前面说到的对称性，从而扭曲原本应该平直的银盘。

那么，银河系内部又有什么东西能驱使平直的银盘变形呢？首先，最大尺度上的平坦结构使我们忽略了恒星和其他可见物质分布上的非均匀性。实际上银盘并不是均匀的，其中还存在着旋臂这样的结构，因此我们把银河系叫作旋涡星系，其远观的图像可以跟同类的其他星系类比，比如仙女星系（图 4）。其次，当我们看向银河系中心，球对称性很好的核球中还嵌埋了一个巨大的棒状结构。因此，银河系被叫作棒旋星系。这个核球包裹的棒直到 20 世纪 90 年代才被证实，其存在对银河系的结构有很大的影响。

前文提到的那篇重要的科学论文，就是通过对恒星的观测直接证实了银盘存在翘曲。银盘的翘曲可以被描绘为一个浅 S 形，也就是说，银河系的盘不是一张平坦的烙饼，而是有着优美的曲线，而且因存在进动而显得似乎是在扭动。想象一下，在漫长的时间尺度上，银河不仅身段优美，而且舞姿撩人。如果能

图 4　仙女星系

摄影：Laubing，拍摄于丽江双子天文台

够远观我们的银河系，这应该是一幅多么迷人的景象啊。图 5 是上海天文台沈俊太研究员提供的数值模拟结果，完美地诠释了翘曲及其进动产生的原因。

图 5 扫描二维码观看银盘翘曲结构的数值模拟结果
图源：上海天文台沈俊太研究员提供

要一窥银河系曼妙的身材和舞姿，对于身处银河系内部的我们不是那么容易。所幸宇宙中有海量的各种星系，不难找到其中跟银河系相像的姐妹。我们可以从远距离打量它们侧身的倩影（图 6），它们身段迷人，无与伦比！

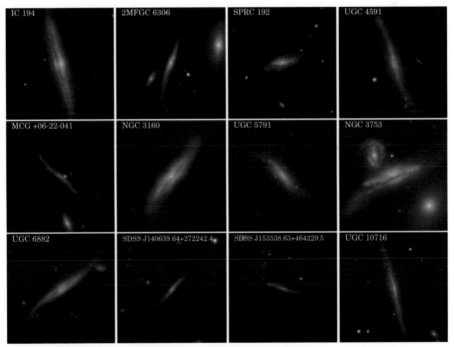

图 6 河外星系中的侧向旋涡星系图例，翘曲的星系盘形态各异
©Sloan Digital Sky Survey

银盘曼妙的细致形态是怎么被看到的呢？这个嘛，过程真的很费劲，本文不再详细介绍了。如果你感兴趣，可以去看看前文提到的我们发表在《自然·天文学》上的论文。

星际航行，我们靠什么导航？

苟利军

中国科幻大片《流浪地球》在众人的期盼之中上映了。因为它制作精美，远远超出了观众对于中国科幻电影的预期，从而成为 2019 年春节期间最受欢迎的电影之一。不同于通常的新年大片，这部科幻大片包含着众多"烧脑"名词，引发了众多社会讨论。

这部电影根据刘慈欣的同名小说改编，讲述在地球面临被太阳吞没之时，地球上的联合政府做出了一个决定，将地球推离现有轨道，同时发射一个空间站为地球导航，距离地球大约 10 万千米。空间站在一定程度上就是流浪地球的开路先锋，为地球的运动指明方向，并告诉地面在太空当中远离地球原来轨道时所处位置的信息。一个非常让人好奇的问题就是，作为领航的空间站是如何导航的。在本文中，我们就由近及远地介绍一下在未来进行星际航行时可能用到的导航系统。

首先，我们来简单回顾一下日常生活中是如何导航的。一提到导航，我们很自然就会想到各种导航软件，其实它们都是利用导航卫星来确定方位的。它们的简单工作原理如下：在地面之上大约 2 万千米的地方，有几十个处于不同轨道的导航卫星，每时每刻，这些卫星都会发送自身的位置和时间信号，我们手机中的导航卫星信号接收器如果能够同时接收到 4 个不同导航卫星的信号，那么根据接收到的信号时间差别，之后通过求解方程就可以算出接收器目前的空间位置信息。

现在最为常用的当属美国的全球定位系统（GPS），它包含了 31 个可供使用的卫星，轨道半径大约为 26 600 千米。我们可以看到，只要空间站轨道低于卫星轨道，都可以通过接收导航卫星的信号来导航。所以对于目前在地球上空大约 500 千米处运行的国际空间站来说，它也可以使用导航卫星进行导航。而后来，为了突破美国的限制，其他几个国家 / 地区也发射了自己的导航卫星，比如欧盟有伽利略导航卫星系统，中国有自己的北斗导航卫星系统。

然而，如果人类以后有机会跨入深空的话，就需要找到全新的导航系统。通过前文中的导航原理，我们可以看到，空间导航的核心是：在每一时刻，需要知道至少四个能够让我们确定位置的参考源。所以，根据天文学家的众多观测，人们选用不同的稳定天体源，提出了几种不同的导航系统。

其中一种就是最近几年经常谈到的脉冲星导航（图 1）。脉冲星是我们极为熟悉的中子星，由于其磁极方向能够产生射电或者 X 射线辐射，当转动轴和磁

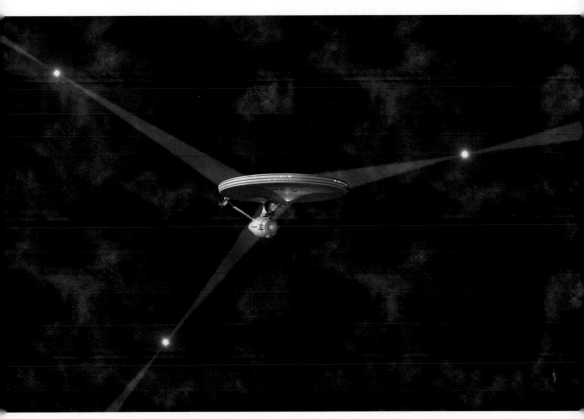

图 1　脉冲星导航艺术效果图
©ESA

极不重合，而转动轴扫过地球的时候，就会产生我们所看到的脉冲，因此它被称为脉冲星。某些脉冲星转动速度特别快，转动周期可以达到毫秒量级，所以也被称为毫秒脉冲星。这些脉冲星的转动稳定性非常好，可以与地球上最好的原子钟相比拟，所以也时常被称为宇宙间的原子钟。

到目前为止，我们已经找到了数百个类似的脉冲星，它们分布在银河系内距离地球几百光年到几千光年的范围内。如果能接收到它们的信号，并且知道它们的位置的话，我们就应该可以按照前文中导航卫星的方式，利用这些脉冲星进行星际航行（图 2）。

然而就在 2017 年，美国国家航空航天局（NASA）的一些工程师就利用国际空间站上一个名叫 NICER 的天文设备对此想法进行了验证。NICER 的英文全称是 Neutron-star Interior Composition Explorer，意为中子星内部组成

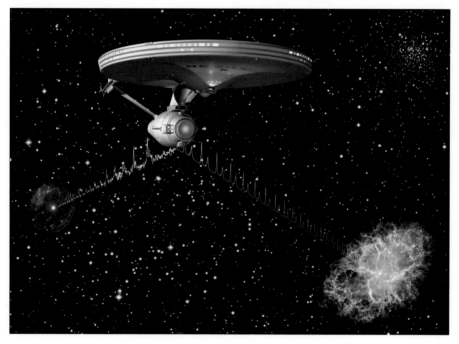

图 2 利用脉冲星进行星际航行的艺术效果图
©Compilation by MPE

探测器，它是安装在空间站上并随之一起运动的探测设备，其探测波段为 X 射线。这些来自 NASA 的工程师利用这个设备对四个已知不同方位上的毫秒脉冲星进行了监测，用前文中提到的类似方法来计算空间站的位置，结果发现，与导航卫星的厘米误差相比，这次实验所得到的误差达到了将近 16 千米。尽管如此，这次实验验证了脉冲星导航的可行性。精度的提高还寄希望于脉冲星观测精度和算法软件的多方面提高。

我们还有一种很好的方法，就是利用恒星导航。在 2013 年发射的欧洲盖亚天文卫星（Gaia Astrometry Satellite）就计划对银河系内的 10 颗恒星的位置、特征、距离以及运动速度进行精确测量，目前已经得到了三批观测数据（截至 2022 年 6 月）。等到盖亚天文卫星的目标最终实现之后，我们就会拥有一幅很好的银河系内的星图，也可以利用它进行导航。

对于接下来的银河系内的旅行，使用脉冲星和恒星导航或许绰绰有余。然而天文学家们其实想得更远：如果我们有机会迈出银河系，那么进入更远宇宙的时候应该怎么办呢？而且银河系内的脉冲星还存在一些问题，因为它们也处于运动当中，位置并非不变，所以如果星际航行的时间很长的话，我们是否有更好的位置参考系统？

所以，有些天文学家提出，我们或许可以以某些遥远的星系作为参考，这些被选出来的天体就是天文学中常说的活动星系核。这些天体是星系中心的超大质量黑洞，我们可以观测到其喷流产生的射电辐射，其辐射非常明亮，往往比星系本身的辐射还要强很多。其中心体积非常小，从遥远的地方看，这类天体就像一个小点，很难分辨，以至于在发现的最早期，最明亮的那一类被称为类星体。尽管这类天体也在空间运动，然而因为它们距离我们至少几十亿光年，所以看起来几乎是不动的，与前文提到的脉冲星相比，其位置要稳定很多。

法国天文学家帕特里克·夏洛（Patrick Charlot）和他的团队在 20 世纪 90 年代末选取了一些最致密且最稳定的活动星系核，建立了一个被称为国际天球参考架（International Celestial Reference Frame）的参考系统。经过差不多 20 年的发展和不断更新，这个系统从最早包含 212 个源，到现在包含遍布整个天空的 300 多个源。所以，这个系统或许也能够成为我们以后进行星际航行所使用的导航系统。

刘慈欣在被颁发"克拉克想象力贡献社会奖"时说过："说好的星辰大海，你却只给了我 Facebook（You promised me Mars colonies, instead, I got Facebook）。"无论是地球附近的太空旅行，还是我们所期望的星际航行，都需要全球人类的共同努力和推动，只有这样，在人类面临流浪地球危险的时候，我们才真正能够坦然面对。

一部电影的热潮可能会逐渐散去，但我们期望更多的中国人能够在科幻作品的引领之下，多一些仰望星空的情怀，更关注人类的未来。千里之行，始于足下，也希望大家能更关注我们国家的科学发展，这才是整个国家发展和腾飞的真正动力。

未来可期的脉冲星计时与导航

卢吉光

当我们在宇宙真空中旅行时，该为自己选一种什么样的计时器呢？脉冲星（图 1）是 1967 年由英国女天文学家乔斯琳·贝尔发现的一种天体，这一发现被授予了诺贝尔物理学奖。在它被发现后的五十多年里，人们又找到了大约 3000 个这种令人着迷的天体。它们拥有极端的物理特性，具有极高的天文学研究价值，且与不同学科在许多前沿领域有所交叉，加上关于它的各种谜团所带来的魅力，使得尽管已经过去了半个多世纪，脉冲星仍是天文学的重点研究对象之一。

图 1 辐射由两极发出的脉冲星概念图
©SA/JPL–Caltech

脉冲星因其周期性的脉冲辐射而得名，这种周期性来源于脉冲星本身的周期性转动。每转动一周，望远镜就能够接收到一次脉冲信号。在目前已发现的脉冲星中，转动周期最短的约为 1.4 毫秒，最长的也不过 20 多秒。

脉冲星每时每刻都在释放着巨大的能量（图 2）。曾有人幻想，将来可以利用它的辐射来解决人类的能源问题。但是，它们距离地球实在是太遥远了，可望而不可即。目前，我们只能在艺术作品中发挥想象，借助它的能量为漫威电影中的雷神托尔打造一柄暴风战斧。

不过，我们目前对脉冲星的研究并不全是画饼充饥！即使距离这样遥远，也不妨碍我们利用脉冲星的特性为生活谋取一些便利。

脉冲星无时无刻不在快速转动着，大家经常把它比作陀螺。然而两者的区别在于，在地面转动的陀螺会越转越慢，直至停止，而在天空之上转动的脉冲星却永不停歇。虽然脉冲星的转动也会越来越慢，但是它们变慢的速度非常之小，转动速度每隔一年只降低大约亿分之一，变化最小的甚至可以每年只降低万亿分之一。

最妙的是，脉冲星转速的变化本身也是非常稳定的，这使得我们可以预测脉冲星未来的转动速度。目前，周期测量最精确的脉冲星是毫秒脉冲星 J0437-4715，其周期精度可达 17 阿秒（1 阿秒等于 10^{-18} 秒）。在精确地预测了脉冲星

周期后，我们可以预估每一个脉冲到达地球的精确时间。继而，科学家们马上想到，我们完全可以把脉冲星的这一效应应用在时间计量与导航系统中。

过去，日常计时用的机械手表和石英钟在一段时间之后就会变慢或变快，总是不能精确地计量时间，这很令人苦恼。现在，我们可以凭借网络信号实时

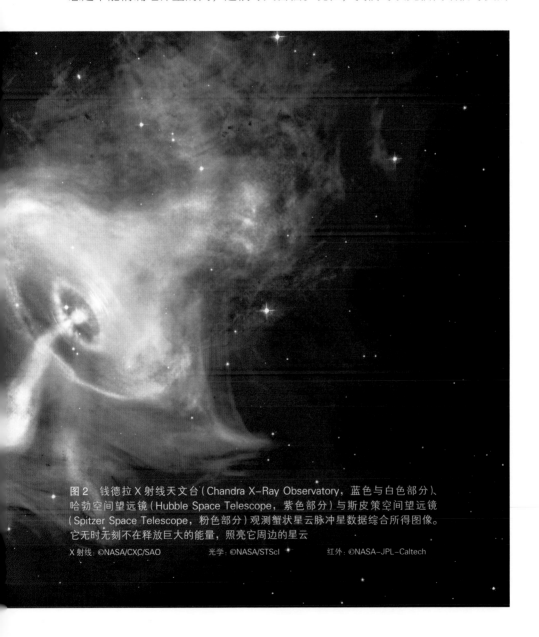

图 2　钱德拉 X 射线天文台（Chandra X–Ray Observatory，蓝色与白色部分）、哈勃空间望远镜（Hubble Space Telescope，紫色部分）与斯皮策空间望远镜（Spitzer Space Telescope，粉色部分）观测蟹状星云脉冲星数据综合所得图像。它无时无刻不在释放巨大的能量，照亮它周边的星云

X 射线：©NASA/CXC/SAO　　　光学：©NASA/STScI　　　红外：©NASA–JPL–Caltech

确定时间。实际上，这一时间是由国际计量局分析处理源于全世界约 50 个时间实验室的 200 多台原子钟数据而得到的。

在现行国际单位制下，1967 年召开的第 13 届国际计量大会给出了秒的定义，也就是铯 133 原子基态的两个超精细能级之间跃迁时所辐射电磁波周期的 9 192 631 770 倍的时间。这一定义实际上是基于原子超精细结构跃迁电磁波具有固定周期的特性。利用这一特性，可以制作用来精确计时的原子钟，也可以对任意两个事件发生的时间间隔进行高精度测量。但遗憾的是，原子钟的计时精度并不会一成不变，它会随着环境温度变化，而且微波谐振腔因老化而下降也会影响计时精度，所以我们需要更加稳定的时钟。

脉冲星是处于真空中的天然计时器，它在宇宙中孤独地转动，不会受环境影响，也不会因老化而颤抖，因此它比地球上的任何钟表都要更加稳定。将每一次接收到的脉冲信号作为时间刻度，可以代替原子钟来计量时间。或许在不久的将来，人们能看到"脉冲星钟"代替原子钟，成为时间计量的标准工具。

目前，我国市面上销售的手机大都带有北斗卫星导航系统，可以用来确定我们的位置。实际上，天上的北斗卫星在不停地测量手机到卫星的距离，然后结合多颗卫星的距离就能够算出手机所在的位置。但令人遗憾的是，这个办法对于距离地球较远的位置就难以奏效了。

这可不太妙！假如我们要发射一艘火星飞船，那怎么才能确定飞船的位置呢？难不成还得先发射一些火星定位卫星才行？实际上并不需要这么麻烦。使用上述原理，我们可以借助天空中不同位置的脉冲星进行定位导航（图 3）。

脉冲信号到达地球的时间和接收信号的位置有关：同一个脉冲信号，距离脉冲星越近，就能被越早地接收到；反过来讲，如果能够给定脉冲信号的到达时间，就能确定接收信号的位置到脉冲星的距离。这样，我们就能对银河系里的任何位置轻松地完成定位，这就是梦幻一般的脉冲星导航系统的工作原理啦！

不过还要说明的是，脉冲星的信号比北斗卫星的信号要弱得多，导致这样的定位过程需要望远镜收集信号才能运行，而且其定位精度在地球附近要远低于北斗卫星导航系统，所以目前脉冲星导航研究针对的服务对象只是执行航天任务的飞行器。

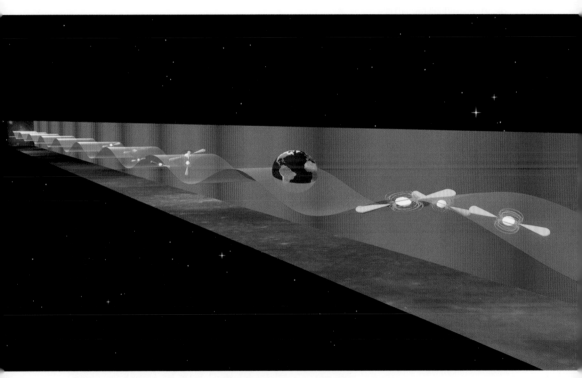

图 3 在地球上可以接收到不同位置的脉冲星信号，这些脉冲星信号的到达时间可以帮助我们确定时间以及进行脉冲星导航
©B. Saxton/NRAO/AUI/NSF

太阳系外漫游

王汇娟，姜晓军，郑捷，赵斐

银河系的星际地图

飞出太阳系，我们便进入银河系的星际空间。截至 2023 年 2 月，仅有三颗人造天体已飞出太阳系，分别为"旅行者 1 号"探测器（Voyager 1，图 1）、"旅行者 2 号"探测器（Voyager 2）和"先驱者 10 号"探测器（Pioneer 10），它们与太阳的距离都已超过 120 倍日地距离。以"旅行者 1 号"探测器为例，2023 年 2 月底，它与地球的距离约为 159 倍日地距离，大约 238 亿千米。它发出的信号以光速传到地球单程需要约 22 小时。

星际旅行怎么能没有一份称手的地图呢？下面让我们一起拼一幅银河系的星际地图吧。

首先是银河系的平面星际地图。 正加速膨胀的宇宙中有约千亿个星系，银河系是其中并不起眼的一个，外形像旋涡，有恒星分布的直径为 17 万 ~ 20 万光年，比几年前人们对银河系大小的认识增大了近 1 倍。银河系中心区域有类似木棒的结构，因此它属于棒旋星系。银河系从中心旋转出多条旋臂，太阳系就位于其中一条叫猎户臂的边缘地带。如果把银河系的中心（简称银心）比作一个大型城市的中心，那我们生活的太阳系则大约位于"城乡接合部"，距离银心约 2.7 万光年。银河系中有 1000 亿 ~4000 亿颗像太阳这样的恒星，以及可能数量相当的行星，它们主要位于银河系的旋臂和中心区域附近。银河系在直径为 25.8 万光年的区域内，总质量约为 1.5 万亿倍太阳质量，且其中只有约 10% 是恒星和气体等，其余约 90% 为无法直接探测到的暗物质。

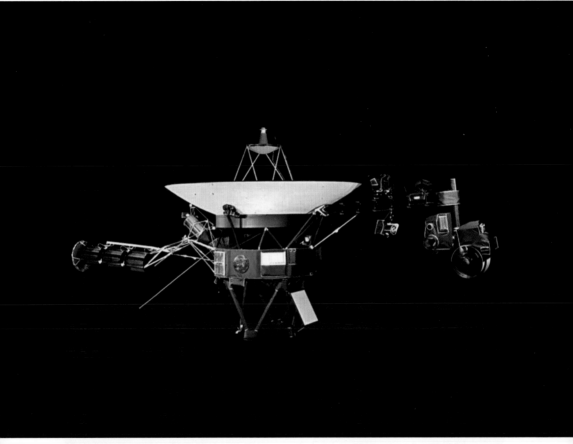

图 1 "旅行者 1 号"
©NASA/JPL

　　从北银极俯视银河系，它像一个旋转的圆盘（见"太阳系的体检表"一章的图 1）。从侧面看去，这个"圆盘"中心区域比其他区域更亮且稍隆起，我们称之为核球，其余较亮的区域比较薄，我们称之为银盘（图 2）。银盘的平均厚度只有 2000 光年左右，约为直径的 1%。最新研究表明，银盘并非一个平面，而是呈翘曲的结构（图 3）。

图2 从地球观测的银河系全景图，其中较亮的区域为银盘（由多幅实测图像拼接）
©ESO/S. Brunier

图3 银河系的翘曲结构

图源：中国科学院国家天文台

　　这样，我们就得到了一幅银河系的三维星际地图（图4）。

　　天文学家将银河系从内向外分为位于中心的银心、中部隆起的核球、包含旋臂的银盘、包裹着以上所有结构的外形近似球形的银晕（图5）。银晕包括看不见的暗物质晕，以及散布着一些球状星团的恒星晕，两者在空间上有重合，而前者更大些。

图4　扫描二维码观看银河系三维模拟图
©ESO/NASA/JPL–Caltech/M. Kornmesser/R. Hurt

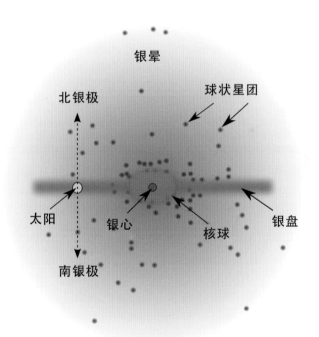

图5　银河系结构示意图
©RJHall，并稍作修改。修图：邱鹏

　　什么是球状星团呢？一般把十个以上且在物理性质上有联系的一群恒星称作星团。其中，由十几到几千颗恒星组成，结构松散且形状不规则的星团称为

"疏散星团"，一般比较年轻，主要分布在银盘上，比如昴星团等；由几万到几十万颗恒星组成，整体像雪球的星团称为球状星团，一般比较年老，主要分布在银晕中，比如北天最亮的 M13 球状星团等（图 6）。M13 位于武仙座，包含约100 万颗恒星，人类曾于 1974 年用当时最大的射电望远镜向可能生活在那里的地外文明发送了一条消息，这条消息包含了人类的 DNA、原子序数、地球位置等信息，将在约 2.22 万年后抵达这个星团。

在银河系所有结构中，包裹着银心的核球是最亮的部分。从地球上看，银

图 6　M13 球状星团
©Adam Block, Mt. Lemmon SkyCenter, U. Arizona

心在人马座方向，研究发现，位于银心的致密射电源人马座 A*（Sgr A*）是一个超大质量黑洞，质量约为 415 万倍太阳质量。核球部分位于南天，在南半球常年可见，因此在南半球看到的银河更绚烂些（图 7）。北半球以北京附近为例，银心晚上升到最高的时候只有 20 度左右，适宜在夏季观赏。

　　尽管人们很早就怀疑银心存在超大质量黑洞，但实测的证据来自近年对人马座 A* 附近十几颗大质量恒星长达 27 年的高精度空间运动的监测。S2 是其中最亮的恒星之一，它不仅有围绕人马座 A* 黑洞的周期为 16 年的公转轨道，而且第二个周期的轨道与前一个周期的轨道形成玫瑰花结，而非重合的椭圆，这种现象也叫"施瓦西进动"。这一发现不仅为银心超大质量黑洞的存在提供了

图 7　位于智利的甚大望远镜（VLT）的导星激光正指向银心方向
©ESO/Y. Beletsky

强有力的证据，而且也为爱因斯坦广义相对论提供了观测证据（图8）。赖因哈德·根策尔（Reinhard Genzel）和安德烈娅·M. 盖兹（Andrea M. Ghez）因银心超大质量黑洞的发现于2020年获得了诺贝尔物理学奖。

图8 扫描二维码观看恒星 S2 绕银心黑洞公转的模拟图（左图），把施瓦西进动轨道差异放大后的示意图（右图）

©ESO/L. Calçada

2019年4月，人们首次欣赏到利用"视界面望远镜"拍摄的位于 M87 星系中心的超大质量黑洞的照片。科学家在2017年拍摄这个黑洞的同期，其实还拍摄了位于银心的人马座 A* 黑洞，只是照片直到2022年5月才"洗"出来并向全球发布。这是距离我们最近的超大质量黑洞人马座 A* 的首张照片（图9）。

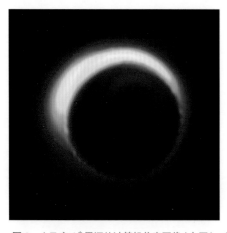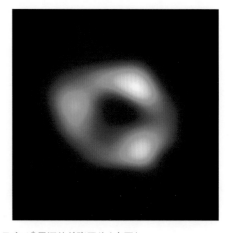

图9 人马座 A* 黑洞的计算机仿真图像（左图），人马座 A* 黑洞的首张照片（右图）

左图：©EHT collaboration/ESO

右图：©EHT collaboration

有银河系的四维地图吗? 第四维或许可以是时间,尽管它不能像三维空间的各维那样可逆。银河系是如何形成和演化的? 未来命运如何? 天文学家正在基于实测和理论研究试图找出线索。比如 2019 年 4 月,我国天文学家主导的一项研究发现:银河系在演化过程中曾"吞并"过一些质量更小的星系。

我们乘着太阳系这叶扁舟,以约 220 千米 / 秒的速度围绕银河中心公转,公转一周约需 2.4 亿年。上次太阳系运行到目前位置附近时,地球上正是恐龙开始崛起的三叠纪,再上一次是鹦鹉螺统治着海洋的奥陶纪(图 10)。下次太阳系再转回来时,地球上又会是怎样的光景呢?

图 10 恐龙化石(左图),鹦鹉螺活体(右图)
左图图源:北京自然博物馆
右图图源:美国国家海洋与大气管理局

银河系中深藏着无数宝藏,当然也包括恒星逝去的躯体所化作的霓裳。下一站,我们一起去探访那些尚留有恒星体温的星云。

揭开星云的美丽面纱

我们已经领略了大自然如何精妙地构造出我们的家园——银河系。现在,我们将一起探讨宇宙中最具艺术感、颜值最高的天体——星云。别忘了:大自然不仅是一名工程师,更是一位艺术家。

我们肉眼看到的满天繁星,除了名为"水""金""火""木""土"的这五颗行星之外，都是银河系中的恒星，在我们这些观测者眼中，它们都是点光源。然而，有一种天体在望远镜中的成像则呈现出弥散的面状结构，它们形态各异，变化万千。早期，人们用"星云"一词来泛指这种具有扩散形状的天体（其中还包括了部分彗星、星团以及河外星系）。"星云"源自拉丁语 nebulae，原意是"云"——外形上，它们确实犹如白云一样展现出了丰富的形态变化，让人感受无与伦比的震撼之美，比如以植物命名的"玫瑰星云"，以动物命名的"猫爪星云"，以及以人物命名的"女巫头星云"，等等（图 11）。

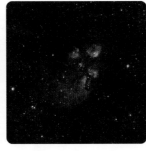

图 11 从左到右分别为玫瑰星云、猫爪星云和女巫头星云
左图：©Andreas Fink, 2012
中图：©Dylan O'Donnell
右图：©Noel Carboni

通过现代天文观测手段，我们已经知道，星云是宇宙中由于引力束缚而聚集在一起的星际气体、尘埃和等离子体的集合。星云的尺度为 3 光年到 300 光年，其平均密度一般为几十个到几百个原子每立方厘米。星云的内部往往包裹着高温致密的天体（新生的恒星或死亡的恒星），它们向外辐射出的高能光子会将这些外围气体电离，从而发射出包括可见光在内的各个波段的辐射，形成了绚烂多姿的星云图案。

星云的"颜色"取决于其化学组成和被电离的程度。由于星际间的气体绝大部分是在相对较低的能量下就能电离的氢，因此许多星云的颜色是偏红色的。如果有更高的能量能造成其他元素的电离，那么它们就会呈现出绿色和蓝色等。

天文学家将这些五彩斑斓、形态百变的星云分为三种主要类型，分别是弥漫星云、行星状星云和超新星遗迹。

弥漫星云

这种星云没有规则的形状，也没有明显的边界，平均直径为几十光年到几百光年。在弥漫星云的范畴中，最主要的是发射星云和暗星云。发射星云一般位于恒星形成区（也称为 HII 区或电离氢区），其中的气体和尘埃在引力作用下向凝聚中心坍缩，新一代的恒星就在这些区域中形成。这些年轻的恒星发出高能的紫外波段辐射，使外层的气体发生电离。最著名的发射星云是猎户星云（图 12），它是银河系中一个典型的恒星形成区，其中孕育着大量年轻的恒星。

图 12 猎户星云（NGC 1976）
©NASA, ESA, M. Robberto

　　暗星云是一种本身不会发光的星云。这类星云由浓密的气体和尘埃组成，因此具有很大的密度，大到足以遮挡后方的发射星云或背景恒星。最著名的暗星云当属马头星云（图 13）。马头星云主要由浓厚的尘埃组成，从地球的方向看去，黑暗的尘埃和旋转的气体构成的形状犹如马头。衬托它的背景为明亮的发射星云 IC 434。

图 13 马头星云（Barnard 33, or Horsehead Nebula）
©European Southern Observatory

行星状星云

行星状星云是质量较小的恒星演化至老年的红巨星阶段后，其外层气体壳层向外膨胀并同时被电离，从而形成的向外扩展状的星云。虽然它的名字里有"行星"二字，但行星状星云其实与行星毫无关系，只是因为最初天文学家发现这种星云的轮廓大多呈圆形，从直观上看与行星类似。著名的猫眼星云和环状星云就是行星状星云的典型代表（图14）。

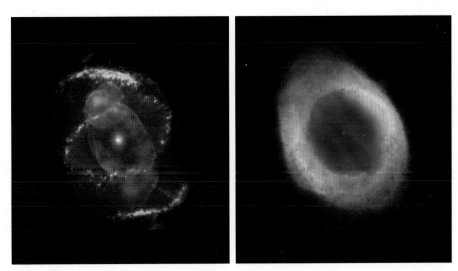

图14 猫眼星云（NGC 6543，左图）与环状星云（M57，右图）
左图：©J. P. Harrington and K. J. Borkowski, University of Maryland/NASA
右图：©The Hubble Heritage Team, AURA/STScI/NASA

超新星遗迹

如果说上述行星状星云来自恒星"缓慢"的死亡过程，那么超新星遗迹则是恒星"剧烈"毁灭后的产物。它是超新星爆发时抛出的物质在向外高速膨胀的过程中与星际介质相互作用从而形成的云状或壳状的延展天体。我们最熟悉的超新星遗迹是蟹状星云（图15），它对应的超新星正是由我国宋代天文学家所记载的那颗在1054年突然变亮的"天关客星"。

图 15　蟹状星云（NGC 1952）
©NASA, ESA, J. Hester and A. Loll, Arizona State University–Hubble Site

在欣赏这一幅幅美丽的星云图像时，你可曾想到，它们所展现的"美"正是来自恒星演化中生生不息的循环，那些由上一代恒星深处的热核反应所形成的各种元素，在恒星死亡之时被抛向深空，形成了绚丽的产物——星云。而星云又将作为原材料，在时间的长河中形成下一代恒星。我们每个人身体里的每个原子，都来自恒星的死亡与再生的轮回过程。

如果说，恒星的一生是一首交响乐，那么星云既是它壮美的终章，又是它华丽的序曲。我们对星云的研究贯穿着恒星的诞生与死亡，它为人类打开了一扇窗，通往理解天体演化和物质循环的终极规律。

星云的故事就讲到这里，下面我们将走出银河系，去看看其他星系和星系团。出发吧，来自星云的你。

星系与星系团

另一种"星云"

在几个世纪以前，人类把夜空中弥漫的天体都叫作星云，例如上一节介绍过的蟹状星云、猎户星云等。18 世纪著名天文学家查尔斯·梅西叶（Charles Messier）还编制了梅西叶天体表（图 16），里面包含了大量被称为"星云"的弥漫天体，其中就包括这个天体表中的第 31 号——M31，即仙女星系，在长达几个世纪里，它都被认为是银河系内天体。后来的观测逐渐发现，M31 其实具有恒星的性质，而长时间的曝光也使人们看见了它的螺旋结构。通过观测 M31 内的新星，天文学家甚至发现之前大大低估了地球与 M31 的距离，因此，部分天文学家对 M31 是否为银河系内的天体产生了怀疑。20 世纪 20 年代，天文学家还就 M31 到底是河内天体还是河外天体进行了一次大辩论。

直到 1925 年，天文学家埃德温·哈勃从 M31 的照片中发现了一颗造父变星，故事才有了转折。通过造父变星的周光关系，M31 的真实距离得以确认，原来，M31 不是由气体尘埃组成的普通星云，而是一个与银河系相似、包含千亿恒星的河外星系。与此同时，天文学家的眼光从银河系拓展到了整个宇宙。

图 16 梅西叶画像与部分梅西叶天体
© NASA/GODDARD SPACE FLIGHT CENTER

星系

那么，什么是星系呢？从字面意思来看，星系就是恒星组成的系统。天文学上的定义是指**在引力的作用下，由恒星和星际物质组成的运行系统**。星系通常包含数千万到数万亿颗恒星，是构成宇宙的基本单位。天文学家一般根据星系的形状进行分类，最常见的是旋涡星系、椭圆星系和不规则星系，我们所在的银河系就是一个典型的旋涡星系，前文提到的仙女星系（图 17）也是一个旋涡星系，仙女星系尽管并不是距离银河系最近的星系，但它是人类不使用望远镜肉眼可见的最远天体。

在宇宙中，有着形形色色的星系，目前通过大规模观测，人类已经发现了数以亿计的星系，可观测到的最远星系甚至远在百亿光年之外。

星系群和星系团

大家平时在社交媒体上都有"群"，或三五好友组个聊天群，或三五十同事

图 17　距离我们约 250 万光年的仙女星系
© David (Deddy) Dayag

组个工作群，同样，星系们也有群。

前面提到，星系是在引力的作用下将恒星以及星际物质汇集在一起形成的，那么星系之间是否也存在引力束缚呢？答案是肯定的，尽管星系之间距离很远，但是超大的质量还是使得星系之间能够有"互动"。

我们将由于引力作用而聚在一起的若干个星系叫作星系群（galaxy group）。当然，星系群的成员们并不会聊天说笑，它们只会默默地彼此吸引，相互影响对方的运动。

我们的银河系也在这么一个星系群里，因为是人类自己所在的地方，所以天文学家就简单直白地给它取名为本星系群（Local Group）。这个小群由银河系、仙女星系、三角星系等"巨头"，以及一系列矮星系共同构成。大家耳熟能详却又难以在北半球亲见的大、小麦哲伦云也是这个群的成员。而其中距离我们最近的，是 2.5 万光年外的大犬矮星系。

除了本星系群，我们发现的大量其他星系也各自构成了一个个星系群，如图 18 中的摩羯座和巨蛇座星系群，这些星系群的成员彼此之间有着热烈的互动。有些星系群的成员甚至正在发生碰撞和并合，图 19 中的 NGC4038 和 NGC4039 就是正在并合的星系，它们同属于一个由 5 个星系构成的星系群。

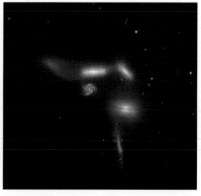

图 18　摩羯座 HCG87 星系群（左图），巨蛇座六重奏星系群（右图）
左图：©ESO
右图：©HST/NASA/ESA

图 19　并合中的 NGC4038（上方星系）和 NGC4039（下方星系），又叫作触须星系
©HST/NASA/ESA

　　日常沟通交流的聊天群有人数多少之分，星系群里的成员数当然也存在差异。我们一般把由 50 个以上的星系构成的星系集合叫作星系团（galaxy cluster，图 20）。星系团是宇宙中由星系、热气体和暗物质组成的引力束缚系统，它们的典型质量为 10^{14} ～ 10^{15} 倍太阳质量。它们的成分主要是暗物质（约占 80%），15% ～ 17% 为星系团内介质，剩下的极少部分（3% ～ 5%）的质量存在于成员星系中。根据目前的宇宙结构理论，宇宙中物质稠密的区域形成纤

图 20　距离我们约 40 亿光年的星系团 Abell S1063
©HST/NASA/ESA

维状结构，星系团就形成于这些纤维状结构的交汇处，因此，星系团是宇宙大尺度结构中密度相对比较高的节点。中国科学院国家天文台的科学家从国际公开发布的天文数据中证认了近 18 万个星系团，这是目前世界上最大的星系团样本。

在星系团之上，还有超星系团，超星系团之上还有更大的结构。这一切都是我们的宇宙的组成部分。

可观测宇宙

大家已经了解了星系和星系团，现在，让我们一起来探访可观测宇宙！

　　晴朗的夜晚，在灯光比较少的乡村或野外，抬头便可看到满天繁星。如果说用照相机拍摄的星空美得如同压成书签的花瓣，那真实的星空就如同一朵正在盛开的花，有着深邃的空间和蓬勃的生命力（图 21）。此时，我们会情不自禁地感受到自己往日的烦恼是如此微不足道，内心会在星空下忽然平静下来。然而，此时我们只窥见了宇宙的一角。

图 21　星空
摄影：于海童

什么是宇宙？

很多人认为宇宙就是无边无际的空间，实际上宇宙并不仅是空间的概念。距今 2000 多年的我国古籍中已给出了今天看来依然比较准确的定义，即"天地四方曰宇，往古来今曰宙"。"宇"是无边无际的空间，"宙"是有始无终的时间。随着物理学的发展，在大约 100 年前，人类发现空间、时间、物质和能量之间有着密不可分的关系，因此宇宙更准确的定义是空间、时间、物质和能量的总和。

宇宙从何而来？现在较为被广泛接受的是由美国物理学家乔治·伽莫夫（George Gamow）于 1948 年提出的大爆炸理论。这个理论认为宇宙开始于一个质量无限大、体积无限小的奇点，之后经过几个阶段，形成我们现在的宇宙，并继续加速膨胀（图 22）。

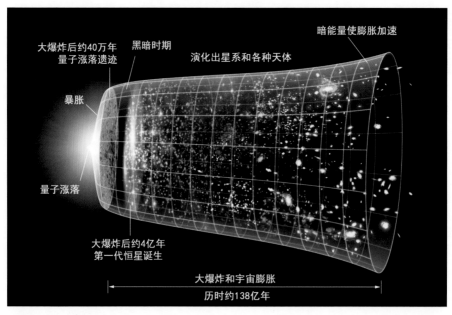

图 22　宇宙大爆炸
©NASA/Cherkash，稍作修改

什么是可观测宇宙？

可观测宇宙是我们通过电磁波和引力波等方式能探测到的宇宙范围，是一个以探测者为中心的球形区域内的宇宙。基于爱因斯坦广义相对论，宇宙中最快的速度是真空中的光速。基于大爆炸理论和目前测得的宇宙参数值，宇宙的年龄约为 138 亿年。因此，地面和空间望远镜能接收到的光最早来自约 138 亿年前。如果考虑到这 138 亿年间宇宙的膨胀，基于天文学家的计算，我们接收到的这束光的光源已距我们约 470 亿光年（图 23、图 24）。

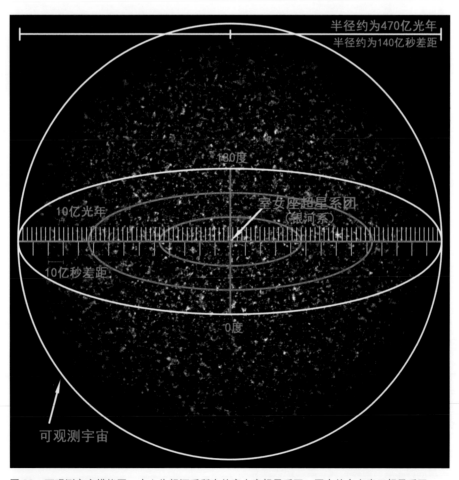

图 23　可观测宇宙模拟图。中心为银河系所在的室女座超星系团，图中的白点表示超星系团
©Andrew Z. Colvin，稍作修改

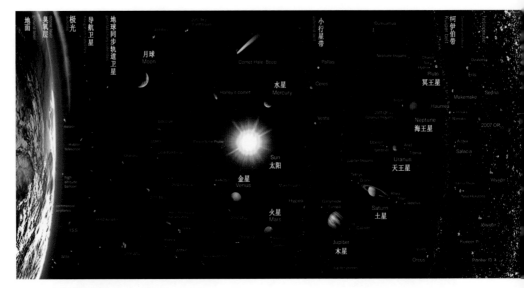

图 24 可观测宇宙的对数示意图，已标示出一些著名天体
©Pablo Carlos Budassi，稍作修改

在宇宙早期高温、高压的环境中，光子受到电离状态的质子和电子的阻拦而无法有效向外传播，直到大爆炸后 38 万年左右，宇宙冷却，质子和电子大量结合在一起，光子才比较畅通地向各处传播，形成了现在的几乎均匀分布于各个方向且温度起伏很小的宇宙微波背景（CMB，图 25）。这一辐射的峰值温度

图 25 扫描二维码观看欧洲空间局（ESA）的普朗克卫星观测到的宇宙微波背景温度、平滑后的温度、偏振情况。温度起伏只有十万分之一
©ESA/Planck 合作团队

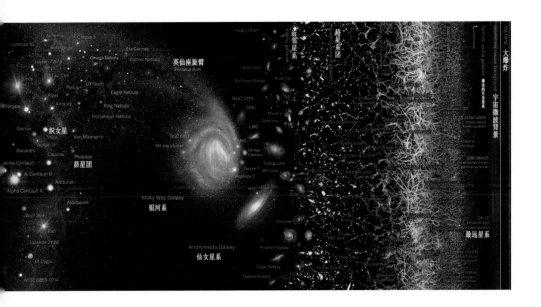

约为 −270℃，位于微波波段，因此被称为宇宙微波背景辐射。

基于普朗克卫星的观测结果，天文学家发现宇宙由 68.3% 的暗能量、26.8% 的暗物质和 4.9% 的恒星和星系等普通物质组成（图 26）。

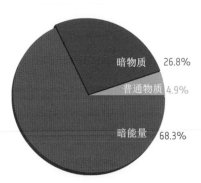

图 26　基于普朗克卫星观测数据得到的宇宙组成情况

©ESA/Planck 合作团队，稍作修改

夜空中全黑的区域里有什么？

在理想条件下，我们在夜间裸眼能看到全天约 6000 多颗亮于 6.5 星等的天体，这些天体散布在黑色的天幕上。人们借助望远镜观测裸眼看上去全黑的天区，发现那里隐藏着一些看起来更暗弱的天体，且随着望远镜口径的增大，人们探测到了隐藏在小望远镜视场中黑暗区域中的更暗弱的天体。这些天体虽然看上去暗弱，但研究表明，它们大部分是质量为千亿倍太阳质量的星系和类星体。不过，即使用目前地球上最大的 10 米口径光学望远镜观察夜空，并且进行长时间曝光叠加，有一些区域中依然并未探测到任何天体。那些夜空中最黑暗的区域真的什么都没有吗？还是存在更暗弱、更遥远的天体呢？

要回答这个问题，目前地球上的光学设备已无用武之地。这是因为：地球的大气层因辉光和散射等会有一定亮度，来自非常暗弱的天体的辐射会淹没在夜间天光背景中而无法分辨。天文学家使用哈勃空间望远镜对这样一片全黑区域进行了长达 100 多天的观测，累积曝光时间约 11 天。当这些数据被叠加到一起时，就得到了图 27 这幅哈勃超级深场图。在这幅图中，除了几颗来自银河系的前景恒星以外，其他都为遥远的星系和类星体。从图 28 中，我们能看到宇宙很久以前的样子，相当于进行了一次时空穿越。

迄今发现的最远星系是位于大熊座的红移约为 11.1 的不规则星系 GN-z11（图 29），它于 2016 年基于哈勃空间望远镜数据被发现。它的大小只有银河系的 1/25，质量也只是银河系的 1%，形成恒星的速度却是银河系的 20 倍。我们看到的是它约 134 亿年前的样子（图 30），对应宇宙大爆炸后约 4 亿年。如果如今的宇宙是一位百岁老人，那当宇宙还是一个 3 岁稚童的时候，GN-z11 就已经存在了。

2022 年 4 月，天文学家发现了两个更远的、红移达 13 左右的星系候选体 HD1（H band Dropout 1）和 HD2（H band Dropout 2）。HD1 位于六分仪座，基于目前数据分析，其红移约为 13.3，它是目前最遥远的星系候选体（图 29）。对这两个候选体的进一步确认工作有待詹姆斯·韦布空间望远镜（JWST）等下一代空间望远镜获得光谱观测数据。

图 27　哈勃超级深场图。左下角红色小方块为此图视场大小与月面的比较
©NASA/ESA

图 28　扫描二维码观看哈勃超级深场图
与哈勃空间望远镜 2016 年观测天区拼图
的缩放展示动画

©NASA/ESA/G. Illingworth/G. Bacon

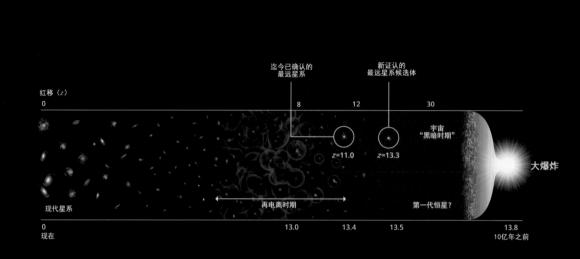

图 29 迄今已确认的最远星系 GN-z11 和新证认的最远星系候选体 HD1
©Harikane et al., NASA, ESA, and P. Oesch (Yale University)，稍作修改

图 30 扫描二维码观看位于大熊座的 GN-z11，动画中先标出了北斗七星，然后标出了大熊座
©NASA, ESA, G. Bacon; science – NASA, ESA, P. Oesch, G. Brammer, P. van Dokkum, G. Illingworth

黑夜给了我黑色的眼睛，我却用它寻找光明。

——顾城

蓝天是一幅层次最丰富的画卷，夜空中的全黑区域可能是宇宙中最深邃的深渊，那里藏着人类诞生以来最基本的好奇心和答案。

终结地球孤独时代

李海宁

炽热的木星和摆动的太阳

相信许多看过《流浪地球》的人，都会被地球面临灭顶之灾时，人类带着地球在星辰大海中流浪的情怀所感动。如果我们能找到第二个地球，那再次遇到这样的情况时，是不是就不用这么紧张了呢？

地球在我们的太阳系里是独一无二的，那么太阳系外是否存在另一个地球呢？于是，天文学家开启了漫长的太阳系外行星搜寻之旅。

当一颗大行星绕着恒星运行时，它在不同方向的牵引会造成星光交替出现蓝移和红移。因此可以通过测量恒星视向速度的变化来寻找系外行星。这种方法也叫作摆动法。

1995 年，瑞士天文学家米歇尔·马约尔（Michel Mayor，图 1 右）和他的学生迪迪埃·奎洛兹（Didier Queloz，图 1 左）在一次学术会议上宣布，他们首次在类似太阳的恒星——飞马座 51 边上发现了一颗行星。

这颗行星有半个木星那么重，但与自己的"太阳"的距离非常近，只有

图 1 发现飞马座 51b 的马约尔（右）和奎洛兹（左）

©L. Weinstein/Ciel et Espace Photos

水星与太阳距离的约七分之一，每 4 天就可以公转一周。所以它对自己的"太阳"产生了非常大的拖曳力，以至于我们通过地球上的望远镜就能明显看到这颗恒星的"摆动"。这颗敏捷的巨行星就是飞马座 51b（图 2）。

图 2 飞马座 51b（想象图），人类发现的第一颗围绕类太阳恒星运行的系外行星
©NASA/JPL–Caltech

飞马座 51b 的发现令当时的天文学家十分困惑，人们无法想象木星怎么可能待在比水星更靠近太阳的位置。由于与其恒星距离太近，它的表面温度高达 1000℃，科学家称之为"热木星"。

很快，在地球的另一边，美国天文学家保罗·布特勒（Paul Butler）和杰弗里·马西（Geoffrey Marcy）确认了这一发现。不仅如此，他们甚至对之前的其他观测数据进行"回炉"再分析。果不其然，被恒星"拥抱"的巨行星不断从之前被忽略的数据信号中跳出来。

用视向速度法发现的系外行星越来越多，不过它们大多是离恒星很近的"热木星"。在随后的十年里，人类发现的前 100 颗系外行星中，布特勒和马西团队囊括了至少 70 颗，一举成为业界明星。数十个其他的地面项目纷纷加入，中国天文学家也利用位于我国国家天文台兴隆观测站的 2.16 米望远镜参与其中（图 3）。

这次"经典"行星搜寻浪潮将人类已知系外行星的数量提升至几百颗。不过你马上就会知道，一种新的行星搜寻方法和一架新的空间望远镜很快抢走了它们的风头。

图 3　国家天文台兴隆观测站 2.16 米望远镜
摄影：袁凤芳

行星捕手开普勒

我们在前文中知道了，天文学家使用视向速度法寻找到数百颗太阳系外行星。但这个方法似乎有点儿慢，于是凌星法（图4）出现了。

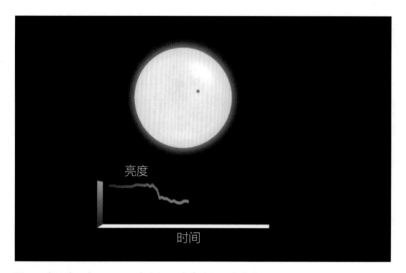

图4 凌星法示意图。不同大小行星造成的主星亮度变化不同
©NASA

凌星法的原理很简单：当一颗行星掠过恒星表面时，会遮挡恒星的光，造成恒星亮度轻微减弱。观察这种恒星亮度的细微变化，便可以发现隐藏的行星。

使用凌星法的最佳场地在外太空，于是2009年，美国国家航空航天局发射了开普勒空间望远镜（图5），迅速开启了太阳系外行星搜寻的新时代。

开普勒空间望远镜将目光锁定在一小块天空上，一盯就是四年。这一小块区域内有大约20万颗恒星。开普勒空间望远镜就像一位专注的捕手，等待捕捉单颗恒星光亮的微小减弱。

发射几个月后，幸运的闸门突然打开了。当团队结束一次为期10天的试运行时，他们看到了令人难以置信的情景：第一次发现了太阳系外一颗和地球差不多大的岩石星球！

图 5　开普勒空间望远镜观测示意图
©NASA

这颗行星被称为开普勒 –10b（图 6）。它的直径是地球的约 1.4 倍，质量是地球的约 4 倍，平均密度和铁质哑铃差不多，是一个炎热而沉重的星球。

团队负责人在宣布这一发现时说："在那次试运行中，我们已经看到了一个信号，可能是一个围绕着一颗距离地球 540 光年的恒星运行的小行星。我们的第一反应是——哦，我的天哪，我们会发现许多像这样地球大小的行星！"

随之而来的是一次系外行星"淘金热"。

各种地面和空间设备将已知系外行星的数量快速拉升到数千颗。截至 2022 年 3 月，天文学家已经确认了 5000 多颗系外行星，其中过半是开普勒空间望远镜的功劳。随着深入挖掘开普勒空间望远镜的数据宝库，还有约 3000 颗候选行星在等候确认的清单上。

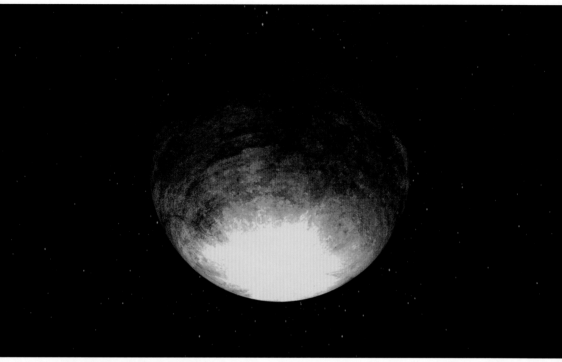

图 6　开普勒 –10b 艺术想象图
©NASA/Kepler Mission/Dana Berry

开普勒空间望远镜的成功之路其实颇为曲折，这个项目在 20 世纪 90 年代遭受了大量的质疑。美国国家航空航天局甚至四次拒绝了它的设计方案，最终在 2001 年才予以批准。飞船上的两个反作用轮很不走运地发生了故障，使得开普勒空间望远镜不得不在 2013 年结束了它的主要任务。

尽管如此，其前四年的数据仍在向我们不断揭示新的行星。2018 年 4 月，美国国家航空航天局发射了另一颗卫星——凌星系外行星巡天卫星（TESS）接任开普勒空间望远镜，希望在全天的亮星周围寻找系外行星，它已顺利完成了南天球部分和北天球部分的搜寻任务。

除了发现上千颗系外行星，开普勒空间望远镜更让我们第一次认识到，"地球"并没有多特别，甚至可以说，它们无处不在。接下来，我们将会聊聊开普勒空间望远镜找到的类地行星。

发现遥远的宜居世界

开普勒空间望远镜引领的系外行星搜寻时代发现了数千颗太阳系外行星，被认为是人类探索的高光时刻。但我们始终在期待更大的回报：那就是发现一个适合生命存在的遥远世界。

为了找到下一个地球，天文学家把目光锁定在恒星周围的"宜居带"（图7）上，在那里，适宜的温度可以允许液态水的存在。当然，还要有固态行星表面将水聚集起来。

图7　宜居带示意图
©NASA

此外，时间对宜居性也至关重要。数亿年的时间足够产生微生物，但对大型动物或者能够相互交谈和建造望远镜的人类来说，这段时间可能太短了。所以寿命短的大个头恒星也不在考虑范围内。

2014 年 3 月，开普勒 –186f（图 8）被发现。它距地球约 500 光年，是第一颗被证实与地球大小相仿的宜居带内系外行星。人类在寻找类地行星的道路上迈进了一大步。

2016 年 8 月，我们发现了已知离地球最近的宜居系外行星：比邻星 b。它的质量是地球的约 1.3 倍，公转周期为约 11.2 天，它位于比邻星的宜居带内，目前不排除其表面存在液态水。

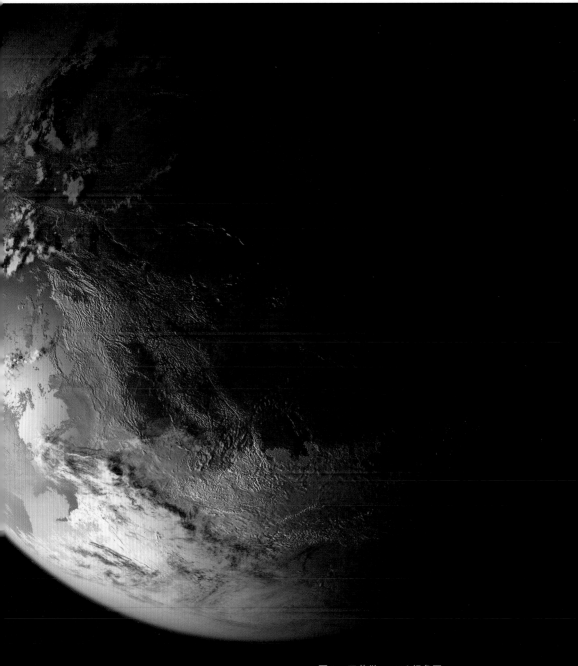

图 8　开普勒 –186f 想象图
©NASA Ames/SETI Institute/JPL–Caltech

2017 年 2 月，"葫芦娃系统"（TRAPPIST-1，图 9）——7 颗大小、质量与地球类似的行星惊现距我们约 40 光年的宝瓶座内。其中三颗已确认位于宜居带，很可能含有液态水。这"七兄弟"感情极其要好，紧紧围绕在它们的"太阳"周围，最快的一天半转一圈，最慢的也只要 18 天。

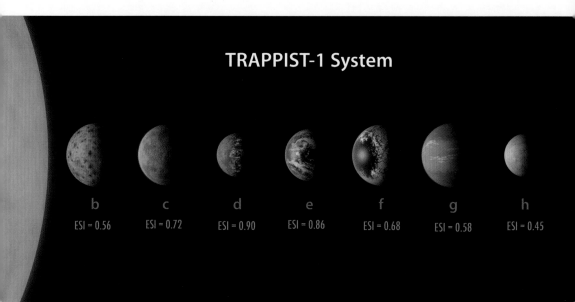

图 9 "葫芦娃系统"TRAPPIST-1 示意图

©NASA/JPL–Caltech/F. Marchis

到这里为止，我们说到的都是间接探测系外行星的方法。通过这些方法找到潜在的新"地球"之后，还要进一步获取行星大气光谱，才能知道大气中的成分，从而判断那里是否适合生命存在。

那么有没有一种方法，可以同时看到行星和它的光谱呢？我们接下来就将介绍这样一种方法——直接成像法（图 10）。

图 10 扫描二维码观看用直接成像法对 HR8799 四行星系统的长期观测

©W. M. Keck Observatory

技术革新脑洞大开

于 2021 年发射的詹姆斯·韦布空间望远镜和计划中的罗曼空间望远镜（Roman Space Telescope，原名为大视场红外巡天望远镜，即 Wide-Field Infrared Survey Telescope）等，都将具备捕捉遥远行星真实图像的能力。但是，恒星的亮度往往是行星大气层反射光的数十亿倍，给遥远的行星拍照就像在探照灯的强光下寻找萤火虫一样困难。

于是科学家和工程师大开脑洞，设计了一种叫作"星影"（starshade，图 11）的航天器，这个棒球场大小的机械"向日葵"会在太空中展开花瓣，挡

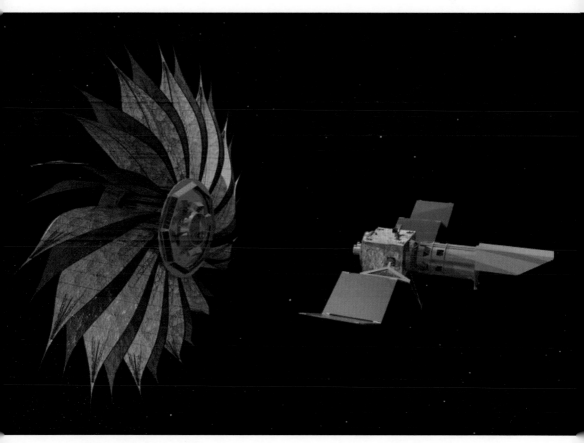

图 11 "星影"航天器想象图
©NASA/JPL-Caltech

住不需要的星光，使望远镜能够捕捉到行星的图像。

另一种设计要小巧得多，被称为星冕仪，它在望远镜内部选择性地阻挡和处理入射光，从而暴露隐藏在强光下的行星。我国天文学家也已经组建了专门的团队，投身于星冕仪研制中。

当然，给另一个遥远的"地球"拍特写需要非常大的望远镜。因为望远镜的镜面越大，就能越清晰地分辨出恒星和行星。

向太空发射巨大的单面镜子是不大现实的。但是我们可以把小镜子设计成像蜂巢一样的巨大阵列，塞进火箭的有效载荷中。詹姆斯·韦布空间望远镜就采用了这种设计（图12）。

图 12　詹姆斯·韦布空间望远镜拼接镜面
©NASA's Goddard Space Flight Center

　　我们还可以发射多个望远镜，通过远程通信将它们同步。利用多重信号相互抵消，让恒星"熄灭"，使行星现身。

　　这些要求超高精度的技术都是极其艰巨的挑战。不过，批评人士起初也曾认为用开普勒空间望远镜寻找行星的方法永远不会奏效。但是现在，它已经发现了数千颗系外行星。

　　有研究认为，银河系中每颗恒星周围平均至少存在一颗行星。这意味着，仅在我们的银河系中就有数千亿颗行星。也许在不久的未来，技术革新将终结漫长的地球孤独时代。让我们共同期待吧。

行星的摇篮：
原行星盘

王佳琪，姜晓军

这次，我们将带大家去看一看孵化行星的摇篮——原行星盘（protoplanetary disk），一起了解行星们的前世究竟是什么样子。

太阳系中散落着众多小行星与彗星，它们在原本的轨道运动过程中非常容易受到附近较大质量天体（例如行星）的引力影响，从而改变原本的运动轨道。当这些小天体留下的尘埃进入地球大气层发生剧烈燃烧时，就会变成美丽的流星。天文学家们根据太阳系小行星和彗星的运动规律，并对物质组成进行对比研究后发现，这些散落在太阳系空间中的"碎石块"其实是太阳系在形成过程中遗留的"化石"，它们的成分较为单一，主要由含碳、硅酸盐和金属的物质组成。

从另一个角度来看，它们的存在展现了太阳系行星系统形成前后的景象：那时候的太阳系好似盘古开天辟地之前，还保留着太阳形成后剩余的物质，是一片气体和尘埃的"海洋"（图1），由于太阳引力的作用，尘埃与气体像一个个扁平的盘子聚集在"黄道"面上（图2），被称为原行星盘。天文学家对它们演变为八颗行星的过程进行了合理推测：在充满尘埃与气体的早期太阳系中，物质密度并不是完全均匀的，当一个小区域内的密度相对于周围较大时，就会对周围密度较小的物质产生更大的引力作用，从而吸引物质向小区域的中心聚集，这个聚沙成塔的过程叫作吸积。吸积作用产生了行星最原始的核心——星子，它们会不断试图吸引身边更多的物质，在经历漫长的吸积演化过程后才形成了现在太阳系中的八颗行星。

图 1　原行星盘艺术图，好似一片气体和尘埃的"海洋"
©NASA

图 2　阿塔卡马大型毫米波 / 亚毫米波
阵列（ALMA）观测的 20 个原行星盘，
尘埃与气体像一个个扁平的盘子聚集在
"黄道"面上
©ALMA (ESO/NAOJ/NRAO), S. Andrews et al.;
NRAO/AUI/NSF, S. Dagnello

关于太阳系行星与系外行星的"前世"发生了什么，目前有多种理论解释，科学家们比较认可的一种假说就是我们在前面介绍的吸积理论，他们也在不断提高望远镜的观测极限，试图寻找正在形成或处于演化早期的系外行星，为理论模型的大厦添砖加瓦。功夫不负有心人，2019 年，澳大利亚的一个研究团队利用 ALMA 探测到一颗年轻恒星——HD 97048（图 3），我们可以看到它的周围存在由气体和尘埃组成的原行星盘，盘中的缝隙内有一颗 2.5 倍木星质量的行星。根据一氧化碳气流速度的观测数据，研究人员发现了这颗行星对原行星盘产生扰动（图 4）。这项发现对吸积理论也提供了有力的支持。

探索宇宙和生命的起源是人类本能的好奇心，行星形成与演化过程的研究是解答这个问题的基础。随着人类科技的进步，未来我们会对生命赖以生存的家园——行星有更深刻的了解。

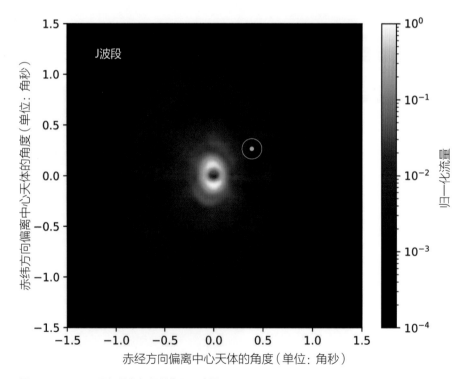

图 3 HD 97048 原行星盘与行星位置示意图

©Pinte.C.et.al, *Nature Astronomy*, 2019, 3, 1109

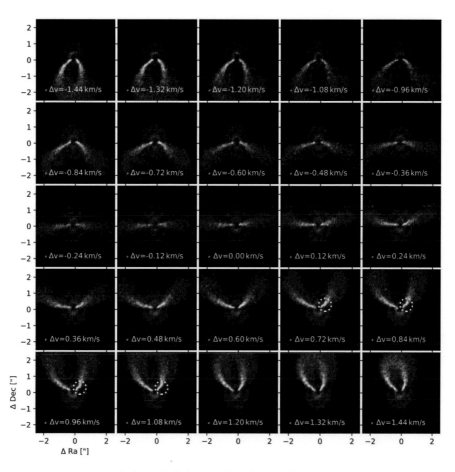

图4　HD 97048 原行星盘中的一氧化碳气流速度图像，白色虚线圆圈内为行星对原行星盘产生的扰动

©Pinte.C.et.al, *Nature Astronomy*, 2019, 3, 1109

众里寻他千百度：
系外行星探测方法简介

王佳琪

系外行星遥远又神秘，现在我们来了解一下探测系外行星的几种主要方法。

系外行星近年的探测研究成果颇丰，在"终结地球孤独时代"一章中，李海宁老师已为大家介绍了探测系外行星的三种主要方法。1995 年，瑞士天文学家马约尔等人利用**视向速度法**监测一颗"摆动"的恒星，发现了第一颗围绕类太阳恒星公转的系外行星飞马座 51b，这项发现在 2019 年荣膺诺贝尔物理学奖。视向速度法在系外行星探测研究中的应用非常广泛。通过这种方法，目前已经发现 1027 颗系外行星（截至 2023 年 2 月 27 日）。随着天文望远镜观测精度的提高，目前寻找系外行星效率最高的**凌星法**异军突起，人们利用这种方法已经发现了 3945 颗系外行星（截至 2023 年 2 月 27 日）。除了以上两种间接探测方法外，随着天文观测技术的发展，成像技术中的"黑科技"也逐渐应用在系外行星探测当中。大口径望远镜提高了对暗弱目标的探测能力，让**直接观测**系外行星成为可能。目前利用大口径望远镜直接观测发现的系外行星共有 62 颗（截至 2023 年 2 月 27 日）。

针对大小不同及与主星相对位置不同的系外行星，不同的探测方法各具优势，也各有局限。例如使用凌星法只能发现主星周围轨道存在掩食现象的行星，这些行星的轨道倾角较大，容易形成选择效应。想要寻找不存在周期性掩食的系外行星，就需要根据它们的特点采用合适的探测方法。下面我们来介绍其他几种颇具特色的系外行星探测方法，利用这些方法发现的行星虽然数量不多，但它们各怀绝技。

作为天文学发展最早的分支之一，天体测量学很早就应用于系外行星探测，通过监测系外行星引力作用所造成的主星位置变化来寻找它们的存在。**天体测量法**（图 1 左图）不受限于行星的轨道倾角与轨道半径，虽然探测效率较低，但可以用来寻找距离主星较远的系外行星，并精确测定这些长周期系外行星的轨道参数与质量。目前正在运行的盖亚天文卫星（图 1 右图）已经释放了大量高位置精度观测数据，我们有机会从中发现更多长周期的类木行星和类太阳系行星系统。

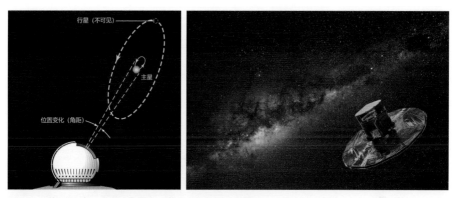

图 1　天体测量法示意图（左图），盖亚天文卫星（右图）
左图：©Rich Townsend
右图：©ESA/ATG medialab

我们在前文中提到了飞马座 51b 这颗具有里程碑意义的系外行星，但它不是人类发现的第一颗系外行星。1992 年，波兰天文学家亚历山大·沃尔兹森（Aleksander Wolszczan）利用阿雷西博射电望远镜（Arecibo radio telescope）监测脉冲星 PSR1257+12（图 2）后发现，这颗脉冲星也存在周期性的"摇摆"，后续的观测证明了这颗脉冲星的周围有三颗行星（图 3），其中质量最小的一颗仅为 0.02 倍地球质量，在当时引起了轰动。这种监测行星造成系统内其他天体的轨道周期、脉动周期，或者相对位置等物理特征周期性变化的方法叫作**计时法**，用这种方法同样可以发现行星系统中其他未知的行星。在无垠宇宙中，像太阳这样单独存在的恒星并不是大多数，很多恒星都像科幻小说《三体》中描绘的一样，以双星或多星形式存在，而双星周围也可能存在行星，但这类行星

Planets are found beyond solar system

This is the first such cluster to be discovered. The planets are orbiting a pulsar.

By Jim Detjen
INQUIRER STAFF WRITER

The first cluster of planets outside of our solar system has been discovered orbiting a star no bigger than the city of Philadelphia, a Pennsylvania State University astronomer said yesterday.

"This is it," said Alexander Wolszczan, a Penn State astronomy professor. "We finally have solid, irrefutable evidence that there are planets outside of our solar system."

A scientific paper describing the discovery appears in today's issue of Science. It amplifies findings that were announced earlier this year at a scientific conference in Aspen, Colo.

For the last 50 years astronomers have sought to find planets orbiting distant stars — one of the "holy grails" of astronomy. On several occasions scientists have announced the first detection of a planet beyond our solar system. But upon further scrutiny, these discoveries have dis-

appeared in a puff of cosmic smoke.

Today's findings are the result of a careful three-year analysis of radio waves emitted from an extremely dense star known as a pulsar. It confirms the presence of at least three, and possibly four, planets orbiting that star, Wolszczan says.

Other astronomers agree that today's announcement is likely to hold up.

"There is now, I think, completely irrefutable evidence for at least two planets and probably a whole planetary system," said Fred Rasio of the Institute for Advanced Study in Princeton.

And Stephen Maran, a senior staff scientist at NASA's Goddard Space Flight Center in Greenbelt, Md., said the new announcement "has withstood the test of time. We now have strong confidence that planets have been discovered outside our solar system."

The planets have been discovered orbiting a pulsar known as PSR

B1257 + 12, which are the coordinates in the sky where the star is located. It appears in the constellation Virgo but because it is 1,200 light-years away — a distance of 7,050 trillion miles — it is too far away to be detected by optical telescopes.

(If it could be seen, images from the pulsar would have begun traveling in the year 794.)

A pulsar is formed when a star collapses after it has burned up all its fuel. What remains is an extraordinarily dense object, known as a neutron star, or pulsar.

Wolszczan and his colleague, Dale A. Frail of the National Radio Observatory in Socorro, N.M., were searching the sky in February 1990 when they discovered the new pulsar.

Pulsars spin at astonishingly fast rates, and as they turn they send out a radio beacon that sweeps the sky like a spinning lighthouse. As the beacon sweeps past the Earth, it is received as a pulse — hence the name pulsar.

In this case the new pulsar spins on its axis about 160 times a second. Pulsars rotate with such precision that their pulses can be used as an

extremely accurate way to keep time.

The scientists detected tiny but regular variations — plus or minus three 1/1000ths of a second — in the arrival times of the pulses, as recorded on Earth. This indicated that the pulsar was wobbling slightly on its axis.

Wolszczan suspected that the gravitational pull of orbiting planets was causing the wobble. Using statistical analyses, he calculated that two of the planets are about three times the mass of the Earth and that a third is about the mass of the moon.

All three have an orbit smaller than that of Mercury, the planet closest to the sun in our solar system. A possible fourth planet may be located farther away from the pulsar, he said.

Even though suspected the planets are similar in size to those found in our own solar system, Wolszczan said it is unlikely that "life as we know it" exists on these planets.

That's because the pulsar gives off deadly blasts of gamma and X-ray radiation. "If you lived on those planets, you would be exposed to the radiation given off by a giant X-ray machine," he said.

图 2　系外行星 PSR1257+12 b, c, d 被发现后的新闻报道

©the *Philadelphia Inquirer*，1994.04.22

图 3　PSR1257+12 b, c, d 三颗行星艺术图

©NASA/JPL-Caltech

的轨道正如三体问题一样复杂多变，难以探测。我们同样可以利用计时法，探测行星对双星绕转周期的影响，发现它们的踪迹。

在距离主星较远的位置，也可能存在一类"流浪"行星，它们引起的主星视向速度的变化微乎其微，从地球角度来看，我们也难以观测到掩食。但我们依然可以通过"碰运气"的**微引力透镜法**去寻找它们的身影。根据广义相对论，大质量天体会造成附近时空的弯曲。行星虽没有恒星或星系那样巨大的质量，但也能引起周围小尺度时空的弯曲。流浪行星在宇宙中"漂泊"，当它恰好从观测者和远处的一颗恒星之间经过时，由于这颗系外行星引起的微引力透镜效应，观测者会发现这颗恒星的光随着系外行星的经过而呈现短暂的增亮过程。地球上的望远镜在观测这颗恒星时恰好捕捉到被微引力透镜偏折的星光，会发现目标星增亮。由于流浪行星的位置会不断改变（图4），因此增亮的过程一般不会

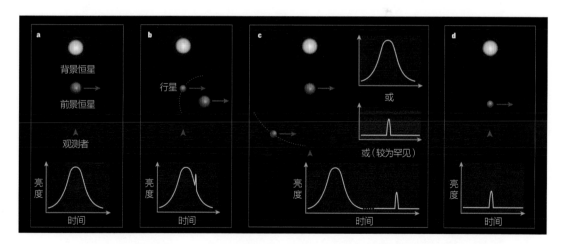

图4 行星与主星形成微引力透镜的几种情况：（a）前景恒星（红）从遥远的背景恒星（黄）与观测者之间经过时，前景恒星偏折背景恒星的星光，观测者可以看到背景恒星变亮；（b）前景恒星周围存在距离较近的行星（棕）时，除了看到前景恒星引起的背景恒星增亮外，还可能看到行星引起的引力透镜效应产生的另一个"突起"；（c）前景恒星周围的行星距离较远时，二者引起的背景恒星增亮很可能不会同时出现（出现的时间可能相差数年），人们可能只会看到其中一种，而前景恒星和行星引起的背景恒星增亮都能被观测到的情况较为罕见；（d）独立的流浪行星也可能会造成背景恒星小幅度增亮。

©Joachim Wambsganss, *Nature*, 2011, 473, 289

重复出现，所以观测是一项具有挑战性的任务。目前通过微引力透镜法发现的系外行星共 176 颗（截至 2023 年 2 月 27 日）。

随着人类探测技术的发展，新的系外行星的探测方法、更高精度的探测设备，以及设计更加巧妙的探测计划不断涌现。科学家们正借助这些方法和设备发现更多的系外行星及候选体，多个探测计划也聚焦于系外行星自身及其大气性质的精细探测和研究，人类离发现下一个宜居家园又近了一步。

话说恒星

邓李才

"看到"宇宙全靠它！

首先，什么是恒星？按专业的定义，以热核反应为主导能源机制的天体叫恒星。天上的恒星大约有 80% 以中心氢热核反应为主要能源，剩下的近 20% 以中心氦热核反应或壳层氢热核反应为主要能源。不属于上述分类的恒星数量极其有限，它们处于前往或离开上述状态的不稳定过程中，因为不稳定，所以数量稀少。

我们常说，肉眼看到的星空里几乎全部是恒星。这样的说法比较准确，因为例外特别少，其中包括太阳系行星、卫星（月球）、星团（人马座球状星团）和星系（仙女星系）等有限的几种天体。

实际上，在望远镜时代到来后的 400 年间，我们看到最多的天体依然是可以分辨的恒星。直到近 100 年来，那些不能分辨其中单个恒星的星系才越来越多地被我们看到。即便如此，我们看到的这些星系的光也主要来自恒星。

这里说的"看到"有特定的意义，是指"在可见光范围内探测"的意思。巧的是，人眼是根据太阳发光照亮万物的特征而进化出来的。太阳就是一颗普通的恒星。我们所定义的恒星，无论质量大小，无论处于什么状态，其最大的辐射都大致在可见光波段。所以"看到"实际上也体现了天文学中光学天文观测的重要性。

现代宇宙学告诉我们，暗能量和暗物质在整个宇宙中所占份额超过 95%，在剩下的不到 5% 里，仅有一小部分是由恒星贡献的。虽然它们在宇宙物质中所占的比例非常微小，却构成了可以被"看到"的宇宙，是天体物理学中最为重要的探针！

从这个意义上讲，对恒星的研究极其重要。恒星物理学是整个天体物理学的基石。对恒星的研究是天体物理学最重要的基础，有三个原因。

第一，由于恒星的数量极多，即使最为稀有的类型都有一定的样本，因此我们可以从统计上研究具有不同物理属性、处于不同生命状态的恒星。这就是赫罗图的由来。

第二，由于恒星最早被"看到"，天文观测积累最多的数据就是针对恒星的，因此对恒星的研究也最为细致而深入。

第三个原因是理论上的。这里需要对前文中定义的恒星加上一个限制，即恒星是具有近乎完美的球对称性的自引力系统，基于这个球对称性，恒星演化理论得以建立，成为整个现代天体物理学中最为完美的理论体系。

一张图上可以寻迹恒星的身世？

说到恒星，就离不开一张图：赫罗图。它是整个天体物理学中最为重要的一张图，我想，这应该是天文学家们的共识。

赫罗图是由丹麦天文学家埃纳尔·赫茨普龙（Ejnar Hertzsprung，图 1 左图）与美国天文学家亨利·罗素（Henry Russell，图 1 右图）首先表述出来的。那么它是怎样的一张图呢？这就需要从对恒星的观测说起了。

在 20 世纪初，拍摄恒星的光谱已经不是什么难事。把直接感受到的颜色和光谱联系起来（比如光谱中红的成分与蓝的成分强度的差别），可以量化恒星的颜色。当然，更加技术化的手段是分析光谱中的那些暗线，这里就不细说了。

图 1　发明赫罗图的天文学家：丹麦的赫茨普龙（左图）与美国的罗素（右图）。面对满天的星斗，包括这两位天文学家在内的前人的直接感受是星星有明有暗。关于明暗的问题，他们的前人在定义星等的时候已经搞清楚了。仰望星空的人如果再仔细一点儿，还可以看到星星有不同的颜色

左图：©Thykier (Red.): *Dansk Astronomi gennem firehundrede år. København*: Rhodos. 1989

右图：©*The World's Work*, 1921

　　赫茨普龙和罗素都做了什么呢？简单地说，他们把恒星的明暗指标（即光度）作为纵轴，把恒星的颜色指标作为横轴画图。然后他们发现，恒星在这张图上的排列非常有规律，比如图 2。

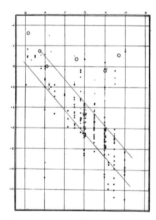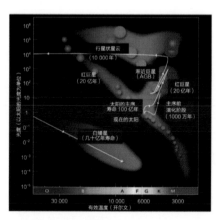

图 2　左图是罗素论文中的插图，右图是现代版的赫罗图。在右图中，太阳的演化轨迹的横轴表示温度（数字）或颜色（光谱型），纵轴表示光度，对数坐标以太阳的光度为单位。从左上到右下为主序，绝大部分恒星处于这个序列上。主序从下到上为恒星质量增大的方向。白色曲线表示太阳从形成到死亡的演化轨迹

左图：©ASM

右图：©NASA

恒星在赫罗图中排布的规律显示了恒星演化的大图像，直观且准确。80% ~ 90% 的恒星处于这张图的对角线上，也就是从亮度高、颜色偏蓝的左上角指向低温、颜色偏红的右下角的一条带。这条带被天文学家叫作主序带，简称主序。

为什么说赫罗图揭示了恒星演化的大图像呢？如果对赫罗图做一些简单的、常识性的转换，就可以帮助大家理解赫罗图和恒星。我们都知道，用地球上可以实现的手段，比如煤炉，我们可以大概根据燃烧体的颜色判断温度：偏蓝的燃烧体温度比偏红的温度更高些。所以，在赫罗图的横轴上，蓝段是高温，而红段是低温。

当然，这可以定量描述，也就是说，可以使用温度作为横轴。而纵轴常常使用的是度量恒星明亮程度的星等，亮度说的则是辐射能量的强度，那么我们可以用单位时间辐射的总能量来表述。我们通常都用对数值来画图。

除此之外，具有相同温度的煤炉，炉膛越大，是不是辐射的能量就越大呢？当然，如果炉膛的温度越高，那么同等大小的煤炉辐射的能量就大一些。在物理上有一个定律，即斯特藩－玻尔兹曼定律，说的就是这个事儿。

对于恒星来说，大小当然就决定了辐射能量的大小，同理，温度高低也起到了这个作用。于是，根据赫罗图里恒星的相对位置，我们就可以判断其大小。我们已经见过了赫罗图揭示的恒星大图像，那么关于恒星是怎样演化的，我们接下来继续聊。

"养成"一颗恒星需要什么？

在我看来，恒星既有生命，也有社会属性。恒星的社会属性说的是恒星星族，即有一定相关关系的恒星群体，比如星团、星系，等等。说恒星有生命，是因为它们符合生命的很多特征，最主要的是，恒星的生存需要不断消耗能量，跟很多地球生物一样，是典型的耗散结构。

按前文的定义，恒星必须在内部有足够的能源时才可以存在，产能的稳定程度决定了其生命的稳定性，进而决定了保持某种状态的时间长度。所以，恒星一生的演化是由其内部能源决定的。

在天体物理学中，有一套描述恒星生命进程的理论，即恒星演化理论。我们把一门科学凝练成一套理论，追求的是一种完美。恒星演化理论堪称天体物理学中最完美的理论，因为它不仅足够准确，而且特别简洁。其中有一个全局性的而且非常合理的假设，即恒星是一维的球对称构造。这是一个很容易被大众接受的假设，因为太阳作为恒星的典型代表，其外形就是一个球。

球对称假定的意义在于，所有描述恒星内部结构的物理量仅依赖半径。在这个基础上，用几个物理守恒定律，包括质量守恒、能量守恒、动量守恒这些基本物理约束，加上描述耗散结构的能量转移方程和适当的边界条件，就构成了能够求解恒星演化的数学体系。

而理解恒星在最主要阶段的寿命则可以更简单。我们在前文中介绍赫罗图时，已经解释了赫罗图中有一个主序带，也就是大多数恒星聚集的带状区域，其中的恒星数目约占天上恒星数目的 80%，主序带外的恒星数目约占 20%。

恒星的研究揭示，主序带内的恒星是中心区有氢热核反应的恒星，而主序带外的恒星基本以中心区外部氢壳层燃烧或中心氦热核反应为主。氢燃烧把氢转变成了氦（图 3），而氦燃烧则把氦转变成了碳或氧。这个恒星数目的比例基本来自这两种主要热核反应的产能比，即单位质量释放的能量之比，这个比值大致就是 80% 比 20%。

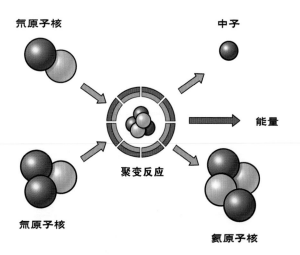

氘原子核

中子

能量

聚变反应

氚原子核

氦原子核

图 3　这是氢最容易发生的一种热核反应，即氢的两种同位素（氘和氚）结合产生氦和一个中子的过程。这是氢弹的能源

还有一些常识可以用来定性理解恒星演化规律。比如，用外力压缩气体时，气体的温度随密度的增大而上升；反之，释放压缩气体时，温度随密度的减小而下降。极端的情况是我们的空调。

大家都知道，空调的核心器件是一台压缩机。压缩制冷剂时，室外机把热量传到空气中，而当高压的制冷剂在室内机中释放压力时，就会因降温而制冷。这种原理正好可以用来理解恒星演化。

恒星形成于冷的气体，被引力不断压缩，中心温度就会上升，直到可以点燃氢的温度。这个温度非常高，量级在千万摄氏度！氢一旦点燃，中心会用氢燃烧所产生的热压力来平衡外部物质的压力。此时压缩不会继续，中心温度会稳定下来。太阳的这种平衡可以维持 100 亿年以上！

恒星中心的氢热核反应一旦结束，中心就不再有稳定的能源维持平衡。这时恒星就会再次在引力的作用下收缩，中心的温度会再次上升。但是，在中心温度达到可以点燃下一种核物质——氦的温度（即达到 1 亿℃）之前，中心之外依然有氢的位置，其温度就可以达到点燃氢的温度。此时，在这个壳层，氢热核反应会暂时成为主要的能源。在这种情况下，外面的恒星物质会被氢壳层燃烧"吹"胀，按上面提到的空调室外机的原理，膨胀的外层就会降温。但因为此时恒星的体积非常大，而温度较低，颜色变红，所以我们称之为红巨星。这就是电影《流浪地球》中的一个科学概念。

揭秘《流浪地球》中恒星那些事儿

从观众的角度看这部电影，我要点赞！我连续看了两场，国产科幻真过瘾！但作为研究恒星的天文学家，我恐怕要"吐槽"。

需要说明的是，大家千万不要把电影里面的科幻元素当成科学，因为其中很多地方可能都是错的！既然我们在这里讨论的是恒星，那我就说两个地方，它们都是来自恒星物理的最基本、最可靠的硬知识。

第一，从点燃中心的氢开始，太阳作为一颗典型的恒星，它的能量输出一直是单调增加的，直至它吞没或者汽化地球，成为红巨星，其后太阳的演化跟人类无关，当然也就跟剧情无关了。人类可以在太阳缓慢变化，即温度变高、辐射变强的过程中逐渐进化。但地球变得不再适合人类生存这种可怕的事，一定会在太阳的主序阶段发生，远远等不到红巨星，也绝对等不到氦闪。

顺便说一句，氦闪发生在太阳的内核，其物理过程是将其内核的白矮星结构改造成正常的恒星。表面的辐射变化非常小，我们完全感觉不到。哪怕是在太阳最为快速的演化阶段，发生变化的时标都远远超过人类可以预期的寿命。姑且算作 200 年，那么在短期内，也就是电影主角的几十年职业生涯中，太阳发生任何变化都是无稽之谈。这是恒星演化的基本知识是整个天体物理学最可靠的理论基础，毋庸置疑。

第二，说说行星发动机的能源。大家不一定知道，氢弹是热核武器，也就是用氢的热核反应作为能源，它的引信堪比一颗原子弹。为什么要用原子弹做引信呢？因为氢的热核反应需要 1000 万℃的高温，同时需要足够高的密度，这是热核反应发生的基本条件。

整个电影剧情中不断出现挖山、运石头的镜头，表达的是行星发动机以钙、硅，也就是以石灰岩、硅酸岩作为热核反应的燃料。热核反应的核心是把燃料的原子的热运动速度提高到一个特别高的值，然后才能通过所谓的隧道效应产生足够的反应率。

大众不需要知道什么是隧道效应，因为这需要量子力学的知识，只需知道需要足够的温度和密度才能发生反应就行了。刚才说了，氢弹的引信是原子弹，那么行星发动机实际上不光是点火，而是为了维持稳定的核燃烧而需要不断点火，所以氢弹的引信是类似于汽车中的火花塞的 X 弹。

这个 X 弹是什么呢？这就需要恒星演化的知识了。点燃氢使恒星的巨大引力压缩，起到原子弹在引爆氢弹时的作用。而点燃氦呢，还是会引起巨大的引力压缩，但要求的温度比点燃氢高了 10 倍。这是因为要使两个原子核通过热运动的隧道效应黏合在一起，克服原子核都带正电而产生了排斥力。

质量足够大的恒星可以进行直到硅的稳定的核反应。原子量越大，排斥力就越大，要求的热运动温度就越高。硅原子带有 14 个正电荷，而钙原子则带有 20 个正电荷。硅的热核反应需要 27 亿摄氏度至 35 亿摄氏度，而钙的热核反应就是天方夜谭了，而且其密度绝对不是从山上挖出的石头可比的。这是物理的基本规律，千万不要异想天开。

你只消设想，氢弹需要原子弹作为引信。而我们人类追求了近百年的氢受控热核反应，需要的能量输入跟原子弹是可比的，其代价却远远超过原子弹。判断方法很简单：就算我们可以让重核（也就是硅）产生热核反应，并且受控，就算其需要点燃的能量穷尽地球上所有的氘（含有 1 个中子的氢的同位素）和氚（含有 2 个中子的氢的同位素），甚至连最丰富的氢原子也全加上，都达不到点燃一次行星发动机的要求，更不要奢谈为地球上满满的行星发动机都安上火花塞了！同样，这也是不容置否的恒星物理学基本知识。

最后，我希望告诉大家：

1. 恒星是构成肉眼可见的星空的主角，数目占几乎 100%；

2. 仔细观察星空可以获得恒星的基本知识，人人都有机会成为赫茨普龙和罗素；

3. 恒星物理学是天体物理学最重要的基础，恒星演化理论是天文学中最可靠、最重要的理论；

4. 最后一点，也是最重要的一点——如果想过科幻瘾，大家可以去欣赏科幻作品；但是要学真正的天文知识，一定要看真正的科普文章。

宇宙第一代发光天体

岳斌、张萌

随着现代宇宙学的发展，大家现在已经基本接受了这样一个观念：宇宙并非从来都是这个样子，而是一直在演化；其中的天体也不是与生俱来的，而是经历了从无到有、从少到多的过程（图1）。

那么，宇宙中那些我们熟知的发光天体，比如恒星、星系、黑洞等，它们最早是怎么来的呢？我们的银河系非常古老，其中最老的恒星有100多亿岁。宇宙中最早的发光天体必然形成于更早的时期——那时的宇宙还是一个"小孩儿"。

今天的宇宙中的恒星基本都在星系里。虽然星系之外也有一些"流浪"的恒星，但它们原本也在星系之内，只不过在星系互相碰撞的时候被抛了出来。然而，第一代恒星并非如此，它们不是在星系里形成的，或者说，当宇宙中最早的那一批恒星形成的时候，星系还没有形成。

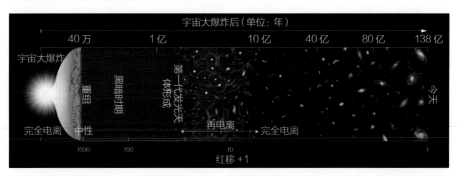

图1 宇宙的演化历史。由多种观测综合推知，宇宙的年龄约为138亿年。第一代发光天体大概形成于宇宙大爆炸之后几千万年与几亿年之间。在这之前，宇宙经历了一段没有发光天体的所谓"黑暗时期"，而在第一代恒星开始形成之后，宇宙就进入了"黎明时期"

第一代恒星（图 2 左图）也称星族 III 恒星（简称 Pop III），它们"出生"的时候，宇宙还非常年轻（图 3）——暗物质在密度高的地方结团，形成暗物质晕；气体也随之聚集在一起，并逐渐冷却收缩。这时候，这些气体的元素只有氢、氦和少量的锂，其他元素还没有形成。可供气体冷却的途径也相对较少，主要通过氢分子冷却。氢分子的冷却效率不算高，不能把气体冷却到很低的温度。在收缩的过程中，气体也不容易碎裂。

最终的结果是，一个暗物质晕内只能形成一颗或若干颗恒星。显然，这样的"恒星集团"被称为星系是不合适的。作为比较，大家可以参考我们所居住的银河系（图 2 右图），那里的恒星多达 1000 亿颗呢！

虽然第一代恒星的数量较少，但是就单颗恒星而言，其质量却比银河系里最常见的恒星要大得多，可达到太阳质量的几十倍到几百倍，也有人认为甚至可达到上千倍。第一代恒星的表面温度也更高，能达到 10 万开尔文[①]以上（太阳的表面温度只有约 6000 开尔文），因此，这些恒星发出的光也更"硬"（指高能部分占比大）。同时，它们的大气中不含金属谱线。当然，这些恒星的寿命也比较短，只有几百万年。

图 2　第一代恒星的艺术想象图（左图），银河系的艺术想象图（右图）。早期宇宙中，一个小质量的暗物质晕里往往只能形成一颗或几颗恒星；而现在的宇宙里，单单我们所居住的银河系中的恒星就多达 1000 亿颗

©NASA/WMAP Science Team；NASA/JPL–Caltech/R. Hurt (SSC)

---

① 热力学温标，以绝对零度为计算起点，0 开尔文 =−273.15℃。

图 3　高精度数值模拟给出的宇宙"黎明时期"的物质分布，发亮的地方表明物质密度高，可以形成第一代恒星。图中的蓝色圆圈标出了潜在的第一代恒星形成的地方

图源：作者自制

　　凭借以上这些独有的特征，第一代恒星在观测中很容易被区分出来。遗憾的是，第一代恒星形成于宇宙早期，此时宇宙年龄大致在几千万年与几亿年之间，因此，它们离我们十分遥远，而且十分黯淡。例如，一颗 100 倍太阳质量的第一代恒星如果形成在宇宙年龄为 3 亿年的时候，那么它现在应该离我们300 多亿光年——没错，这个数比宇宙年龄乘以光速还要大！这是宇宙膨胀造成的效应。此时，这颗恒星的亮度只有约 40 等，是哈勃空间望远镜能够看到的最暗的星星亮度的一万分之一。很显然，它没法被现在的望远镜观测到。

　　不过，第一代恒星死亡之后爆发产生的超新星会非常亮，有可能被下一代望远镜捕捉到。作为哈勃空间望远镜的继承者，已经发射且投入使用的詹姆斯·韦布空间望远镜（图 4）的科学目标之一，就是捕捉来自第一代恒星的超新星爆发（图 5）。

图 4　工作状态的詹姆斯·韦布空间望远镜的想象图。它的探测范围的红移值可以达到约20，有可能捕捉到第一代恒星的信息

©NASA

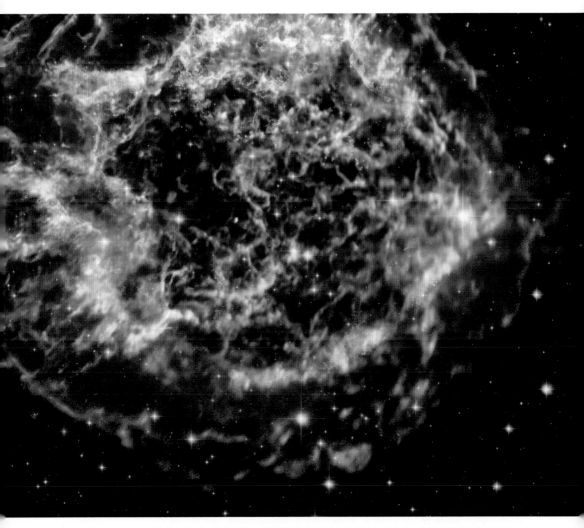

图 5　目前为止，我们并没有观测到第一代恒星的超新星爆发过程。不过，银河系曾经发生过很多次超新星爆发，留下了绚烂的遗迹。本图是著名的仙后座 A（Cas A）超新星遗迹，它离我们约 11 000 光年，图片由 X 射线波段的观测图像和光学波段的观测图像合成。可以想象，第一代超新星爆发的情形应该很类似，但是，因为前身恒星的质量更大，爆炸要猛烈得多。一颗 200 倍太阳质量的第一代恒星在超新星爆发之后总共可以释放的能量约为 10^{52} 尔格 [1]——我们的太阳要连续发光 700 亿年才能释放这么多的能量！如果这颗恒星位于银心的话，爆炸可以把物质抛射到银心与太阳距离的约四分之一处

©X-ray – NASA, CXC, SAO; Optical – NASA,STScl

---

①　1 尔格 = 10^{-7} 焦耳。

想了解第一代恒星，还有另一种途径，就是在我们的银河系内寻找古老的极端贫金属星。相对于第一代恒星这种短命的庞然大物而言，这些极端贫金属星就是一些小不点儿。但是，它们的寿命非常长，一直存活到现在。它们本身不是第一代恒星，但其大气里的金属可能来自第一代恒星。极端贫金属星像化石一样，记录了早期宇宙的信息。

第一代恒星形成之后，会产生一些对后续新恒星形成不利的因素，这称为"反馈"效应。比如，它们产生的辐射会破坏能冷却气体的氢分子，电离并加热附近的气体；它们的超新星爆发会把气体吹到暗物质晕的外面——这些都不利于新恒星的继续形成，因此，初期的第一代恒星的形成模式几乎是"一锤子买卖"。

当一颗或一批第一代恒星形成之后，除非在它们死亡之后再经历足够长的时间，否则在同一个或者附近的暗物质晕里，很难再有新的恒星形成。我们一般认为，第一代恒星的形成属于"自限性"（self-limited）模式，即在有限的体积内，第一代恒星的数量会有一个上限。当然，这个上限到底是多少，我们目前还不清楚，只能期待未来的观测能够回答这个问题。

在宇宙演化中，第一代恒星起到了一个很重要的作用：它们的核反应制造了宇宙中最早的金属元素[①]（如果忽略宇宙大爆炸形成的极少量金属的话）。这些金属元素随着超新星爆发被抛射了出来，"污染"了附近的气体。含有金属的气体能够更有效地冷却，无法再形成第一代恒星，转而形成下一代恒星。

第一代星系

随着宇宙继续演化，当暗物质晕的质量更大一些的时候，其中的气体更多了，气体的温度也更高了。此时，一种新的、效率更高的冷却机制开始发挥作用。这种冷却机制以氢原子而不是氢分子作为介质。有了更高效的冷却机制，恒星就可以批量形成了。

更重要的是，由于暗物质晕更大，引力势阱更深，反馈效应并不能完全抑

---

① 在天文学领域里，把所有比氦更重的元素统称为"金属"。

制恒星的形成，而是努力寻求跟恒星的形成过程达成平衡的状态。这样，在暗物质晕里面，恒星的形成不再是"一锤子买卖"，而是一个持续的过程了——这是第一代星系形成的一个标志。

恒星持续形成的结果就是，星系里的恒星既有"年轻人"，也有"年老者"。如同在我们的银河系里那样，最老的恒星有一百多亿岁，而最年轻的恒星才刚刚诞生。

持续形成的第一代星系贡献了大量的电离光子，完成了宇宙再电离过程。在宇宙年龄约为 10 亿年的时候，充满宇宙的中性氢再次回到了电离状态，这是宇宙演化历史上最后一次全局性的物质状态的转变。

第一代黑洞

人们现在已经观测到了许许多多不同种类的黑洞（图 6），比如银河系里的恒星级黑洞、某些矮星系的中心可能存在的中等质量的黑洞，以及活动星系核

图 6　黑洞依然是一种神秘的天体。星系中心的超大质量黑洞有的很安静，几乎不发出任何辐射；有的则非常活跃，不断吞噬周围的物质，发出剧烈的辐射。目前人们依然没有弄清超大质量黑洞的种子的起源
©NASA/JPL-Caltech

中心的超大质量黑洞，等等。那么，宇宙中的第一代黑洞是什么呢？

一般来说，黑洞的形成需要恒星的形成作为前置条件（这里不考虑宇宙极早期通过非天体物理过程产生的原初黑洞）。恒星耗尽燃料之后，其中心部分缺少压强支撑，在引力的作用下，恒星坍缩成黑洞，这是人们最熟悉的黑洞形成的图景。因此，在第一代恒星死亡之后形成的黑洞自然就是第一代黑洞。

这些黑洞的质量跟恒星差不多，它们像种子一样，一旦遇到合适的条件——充足的气体供应——就会长大，最终从几十倍太阳质量的恒星级黑洞成长为十亿倍甚至百亿倍太阳质量的超大质量黑洞。当然，这个过程可能会十分漫长，并且可能被打断。详细的研究表明，恒星级黑洞很难顺利成长为超大质量黑洞，因此，人们并不确定超大质量黑洞的种子是否来自第一代恒星。

除了上面说的这种途径之外，还有一种途径也可以形成第一代黑洞。在一个从来没有经历过恒星形成，也没有受到附近恒星的电离和金属污染的影响，且质量比较大的暗物质晕里，如果它的氢分子被外界的辐射破坏了，就无法形成第一代恒星。其中的气体将始终维持较高的温度且无法碎裂，但是在氢原子冷却机制的作用下，气体依然可以不断往中心收缩。在这种情况下，气体的中心部分可以直接坍缩成一个黑洞，或者中心部分先形成一个超大质量恒星，之后再坍缩成黑洞。

第二种途径所形成的黑洞被统称为直接坍缩黑洞。在刚诞生的时候，它们的质量就可以达到 1 万倍到 100 万倍太阳质量，属于我们常说的中等质量黑洞。如果把这些直接坍缩黑洞作为种子，使其成长为超大质量黑洞，就容易得多。

直接坍缩黑洞虽然解决了超大质量黑洞的增长问题，但其本身的形成条件十分苛刻。首先，要求暗物质晕的质量比较大，但又不能太大。其次，还要求其中的气体始终保持"纯洁"，即不受外界的金属污染和电离辐射的影响；但同时必须有足够强的其他辐射来破坏氢分子——这就要求在暗物质晕的附近有一个既不能太近又不能太远的恒星或星系。宇宙中有多少暗物质晕能满足以上条件？这是我们无法确定的，因此，"直接坍缩黑洞"的数量也难以估计。

这两种第一代黑洞形成的途径（图7）中，到底哪一个给超大质量黑洞提供了种子？这只能留待将来的观测来回答。

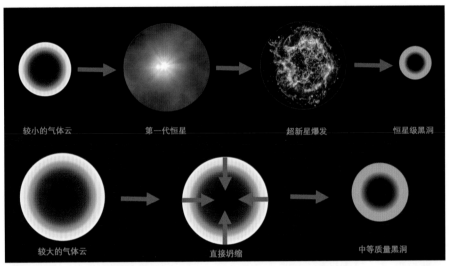

图 7　两种第一代黑洞形成的途径，上为第一代恒星死亡之后形成恒星级黑洞，下为直接坍缩形成中等质量黑洞

图源：作者自制，部分素材来自 NASA

目前还没有任何直接坍缩黑洞被观测到，可能是因为它们既稀少又暗淡。直接坍缩黑洞的光谱与普通的星系及类星体的光谱相比是有一些差异的，因此，我们可以通过测光观测先初步筛选出候选体，然后再进行细致的光谱观测来甄别。

目前，利用哈勃空间望远镜和钱德拉 X 射线空间望远镜，科学家们已经挑选了一些可能是直接坍缩黑洞的天体，并将它们作为候选体，留给以后更强大的望远镜做进一步观测。当然，也有一些曾被认定是直接坍缩黑洞的候选体经过进一步观测之后被排除了。未来，詹姆斯·韦布空间望远镜有可能将筛选直接坍缩黑洞的候选体作为科学目标之一。此外，直接坍缩黑洞也可能形成双黑洞。这样的双黑洞互相绕转，会产生频率较低的引力波——这也可作为新一代空间引力波实验的探测目标，例如我国的"太极"计划和"天琴"计划。

用星光研究星星

宋轶晗

天黑时，我们仰望天空，可以看到无数的星星正在眨着眼睛（当然，在雾霾天或多云的时候是看不到的）。那么星星是什么样的呢？它们之间有什么不同呢？自从伽利略发明了望远镜，人们就开始不断改造观测设备，用来研究更远、更多的天体。可是对于遥远的天体，我们该怎么研究呢？最直观的想法就是从天体的位置和发出的光开始研究。下面我们就来看看如何通过光来研究它们吧。

首先，现代望远镜都是通过电子元件〔互补金属氧化物半导体（CMOS）、电荷耦合器件（CCD）等〕把光转换成数字信号的，这样做的好处是可以探测更暗的天体。用 4 米口径的光谱望远镜观测到的星，其亮度是人眼看到最暗的星的 40 万分之一（人眼最暗可以看到 6 等星，望远镜按照最暗可以看到 19 等星算）。

得到了星光之后，我们就需要对光进行色散。如同雨后的彩虹是水滴把阳光散成各种颜色一样，我们能够得到星光在不同波长处的流量。生活中的每一种颜色都对应着特定的波长，比如红色光的波长为 625 ~ 740 纳米，绿色光的波长为 500 ~ 565 纳米，蓝色光的波长为 485 ~ 500 纳米。经过这一波操作之后，我们看到的一闪一闪的星光就变成了图 1 这个样子，我们称之为光谱。它是不是有点儿像股票走势图？

科学家们通过分析发现，恒星光谱中最高的地方的波长与这颗恒星的温度非常相关，最高点越偏向蓝端，恒星的温度越高。相反，最高点越偏向红端，恒星的温度就越低。太阳的温度大约为 5778 开尔文。图 1 中的上端和下端分别是一颗高温星和一颗低温星的光谱。

我们发现，光谱不仅能告诉我们恒星的温度，还可以告诉我们更多的信息。

每颗恒星的光都是它的内核通过核聚变产生的，光在向外辐射的过程中会经过厚厚的、没有参与聚变反应的恒星大气，大气中的原子、分子会选择吸收它们喜欢的特定波长的光，这就形成了光谱中的吸收线和吸收带。我们不但可以根据光谱中吸收线对应的波长判断是什么原子、分子吸收了光，还可以根据吸收线的深度和宽度来判断恒星大气的成分。

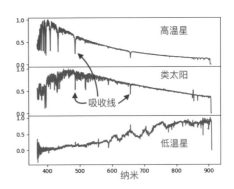

图1 光谱，来自郭守敬望远镜
©LAMOST dr6

而利用光谱的谱线，还可以得到恒星的速度和星系的距离。那怎么利用谱线进行测量呢？在说明之前，我们要先介绍一个知识点：多普勒效应（图2）。

图2 扫描二维码观看多普勒效应图示
©Doleron

多普勒效应是指光的波长会随着星星朝向我们移动的速度发生改变。当星星向我们靠近的时候，光的波长会往蓝端移动；当星星远离我们的时候，光的波长会朝红端移动。于是，我们就可以通过测量谱线偏移了多少来计算星星的移动速度。我们把这个沿着视线方向移动的速度称为视向速度（对于恒星而言）或者红移（对于星系而言）。

现在，我们大概知道了如何利用谱线测量恒星速度，那么怎么测量星系的距离呢？因为宇宙在膨胀，天体越远，它们远离我们的速度就会越快，所以，我们就可以通过天体远离我们的速度来估算它们的距离。而这个速度就是我们在前文中提到的红移。其实，通过光谱，我们还可以了解星星更多的信息。每当我们对宇宙有了新的发现，更多的未知就会摆在我们面前。让我们一起努力，探索更多关于星星的秘密吧！

宇宙雾里看花

邓李才，王舒，陈孝钿

穿越星际消光来看你，并不容易

生活在地球表面的我们，眼中的世界无比美好。但在气雾蒸腾或者风沙来袭的时候，我们会明显感到景色模糊，视物难辨，于是就有了雾里看花的感受。通常情况下，人们在视觉上会忽略空气的存在。实际上，当外部光线到达眼睛时，我们或多或少都会受到物体与眼睛之间的物质的影响。在环境保护意识增强的当下，人们常常通过眼睛感受空气的质量。雾霾会导致能见度降低，使蓝天变得灰蒙蒙的。霾，即空气中的灰尘；而我们所说的 pm2.5，实际是直径为 0.1 ~ 2.5 微米的细颗粒物，是空气中能损害人们健康的代表污染物。

对星空爱好者而言，一个好的观星环境非常重要。除了躲避城市灯光之外，通透的大气也是获得更好感受的关键因素。来自遥远天体的光线在到达我们的眼睛之前穿越了很长的距离，地球大气只是最后的一段。对于专业天文学家而言，在这个很长的距离上（包括末端的地球大气）存在什么物质非常重要，因为如果不去除这些物质对光线的影响，天文观测就真的成了雾里看花。我们先来说说地球大气外光线传播受到的影响，它在天文学中叫作星际消光。

星际空间存在气体和尘埃，它们会削弱我们探索宇宙天体的视线，产生类似于在雾霾中观看景物的效果。当我们仰望夏季星空时，繁星之间并非空无一物，我们会看到银河中像乌云一样的纤维状和块状物，这些就是银河系中的"雾霾"，它们被称为星际尘埃。除了这些固态尘埃颗粒，星际空间中还有气体，它们统称为星际介质。星际介质的密度非常低，甚至比地球上任何人工制造的真空密度还低。例如，我们呼吸的空气中每立方厘米有 30 亿个分子，而太阳系附近的星际气体每 10 立方厘米才有 1 个原子。星际气体主要是氢，含有少量氦和少量较重的元素。星际尘埃颗粒主要是碳、硅酸盐、冰和铁的化合物。

　　星际尘埃本身不发光，但是当恒星发出的光穿过尘埃时，紫外到红外波段的光都会被减弱。这种星际尘埃吸收或散射星光造成星光减弱的现象被我们称为星际消光。正是星际空间中的这些不起眼的小物质使我们在观测星空时犹如雾里看花，终隔一层。

　　星际消光的强弱程度取决于几个因素，包括尘埃聚集的厚度和密度，以及光线的波长（颜色）。如果尘埃密度大、足够厚，光线就会被完全遮挡，导致出现黑暗区域。这些类似"乌云"的天体被称为暗星云，如分子云巴纳德 68（图 1）和马头星云（图 2）。

图 1　分子云巴纳德 68
©FORS Team, 8.2–meter VLT Antu, ESO

图 2 马头星云
©Adam Block, Mt. Lemmon SkyCenter, U. Arizona

由于星际尘埃颗粒的直径分布在零点几纳米和几微米之间，并且小尘埃的数量要比大尘埃的数量多得多，因此星际尘埃对不同波长的光的吸收和散射是有偏向性的。星际消光在紫外和可见光波段比红外波段更强，这意味着到达我们眼中的星光比没有星际尘埃时要红得多。这种效应被称为星际红化。这个过程与日落时太阳变红的过程类似。反过来，被星光照亮的尘埃云呈蓝色，如图3所示。这类似于我们看到的蓝天，它是由地球大气层散射阳光产生的。

图 3　呈蓝色的卵形星云
©Raghvendra Sahai and John Trauger (JPL), the WFPC2 science team, and NASA/ESA

穿过星际尘埃的光除了被阻挡通过外，也可以从尘埃云中被反射出来。例如马头星云图像的左下角的蓝色亮点（图2），这是一个反射星云。反射星云是恒星周围的尘埃气体区域，尘埃反射星光，使其对我们可见，例如由哈勃空间望远镜拍摄的位于猎户座中的星云 NGC1999（图4）。

回到我们生活的星球，我们都认同，雾霾是一种灾害性天气，对人类身体

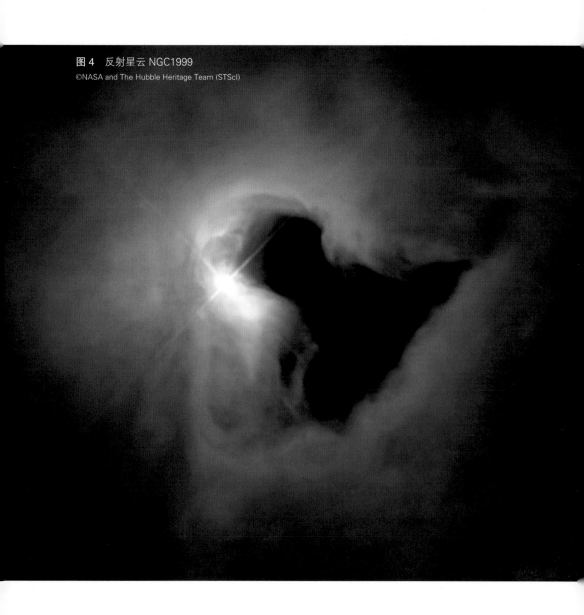

图4　反射星云 NGC1999
©NASA and The Hubble Heritage Team (STScI)

不好，尤其是对青少年的成长有害。在宇宙中正相反，星际中的雾霾是恒星的摇篮。如果把密度很高的云团中的尘埃和气体攒起来，再挤压，分子云中的致密区域发生引力坍缩，最终形成一颗新的恒星，这个过程通常需要上百万年。例如，图5是邻近旋涡星系M33中的星云NGC604（位于270万光年之外的三角星座）的恒星"育儿所"。我们自己的太阳系很可能也是这样诞生的，所以我们都是由星尘组成的。恒星随着演化，最终回归星尘，并重新开始循环。

图5　星云 NGC604
©Hubblesite

图 6 为我们展示了宇宙尘埃的生命循环。尘埃在星风中形成，并在恒星演化的最后阶段被释放到星际介质中（在恒星的星风或大质量恒星的爆炸中被吹走）。然后，尘埃在恒星之间的气体云中被"回收"，聚集成云，尘埃颗粒通过辐射过程冷却，再通过凝结而增大，最后形成行星的种子。当新一代恒星开始形成时，其中一些尘埃被消耗掉。随着新一代恒星演化到脱离主星序时，这个周期又开始了。

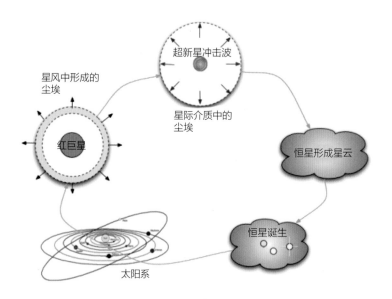

图 6 宇宙尘埃的生命循环
©Herschel Space Observatory

星光的"最后一公里"

来自天体的光经过长途的星际旅行，逃过了星际尘埃和气体（我们在前文中已经介绍过）的拦截，终于到达了地球。但星光要进入我们的眼睛或者各种观测仪器，还有最后一程，即穿越地球大气。这就跟我们长途旅行结束回到家之前的最后一公里似的。至于地球大气对天文观测都有哪些影响，你至少要知道这些事情：

- 星光行进路径的改变，天文观测上叫作"蒙气差"；
- 地球大气的湍流运动对星光路径的扭曲，天文观测上叫作"视宁度"；
- 大气会削弱星光，其总吸收（包括散射）在天文观测上叫作"大气消光"；
- 最严重时，浓密的云雾使星空几乎或完全不可见，和大众常识一样，天文观测上叫作"多云"或者"阴天"。

地球大气是我们人类赖以生存的环境，但它的确对天文观测有不可忽略的不良影响。蒙气差就是光从星际空间进入地球大气而产生的折射。观测目标离地平线越近，其位置因蒙气差而产生的移动越显著。

视宁度和大气消光与观测者的位置相关，是天文台选址最为关注的因素。本节来谈谈星光的"最后一公里"——大气消光和蒙气差。

春暖花开，阳光明媚，天气正好。无论是白天还是黑夜，天空中展现的美丽景象都给我们带来了无尽遐想。天空不是"空"的，人们可以切身体会到大气的存在：比如正午的阳光比清晨的阳光暖和；比如万里无云之时，天空总是湛蓝的；比如繁华都市的夜空与野外、高原的夜空有着天壤之别。这些都与环绕我们的大气层息息相关。来自太空的光线到达地球时，会受到大气层的一次次"检查"，大气层决定了我们能"看到"什么：哪些辐射可以完全通过，哪些辐射可以部分通过，哪些辐射无法通过。当星光经历艰难险阻来到地球时，除了星际消光，它还会受到地球大气的影响，我们看到的亮度和位置并不是星光到达地球时的真实亮度和位置。

大气消光类似星际消光的原理，地球大气层中存在气体分子、离子和原子，低层大气中还有各种复杂的尘埃粒子。光子会与它们相互作用，发生散射、吸收和再发射等现象，从而导致光的消减和改变。对于瑞利散射，波段短的蓝光更容易被散射。在白天，这些被散射的蓝光会通过反射、折射等方式为我们铺出一幕蓝天。在夜晚，星光会被明显消减，我们把大气在不同波长上的吸收和散射能力叫作大气消光，强度用系数 k 表征。在海拔高的地区，消光系数会远小于海平面地区，这是望远镜大多修建在山上的原因之一。同时由于大气对蓝光的消光力度会比对红光的消光力度大好几倍，因此如果望远镜要在地面上进行对蓝光的观测，往往对观测台址的大气条件要求更高。对天文爱好者而言，要拍出星空的真实色彩，就要去山上，海拔越高越好。

不同波长的光有不同的大气消光量。这个消光的大小与穿过大气的厚度成正比，在一个固定的地方观测，地平高度越低，星光需要穿越的大气厚度越大。这正是为什么正午的阳光会比清晨的阳光感受起来要暖和很多。太阳地平高度越高，穿越的大气越薄，体感就越炽热。到了夜晚，星星刚爬出地平线时会比在正中天时暗淡许多，这跟星光穿越的大气厚度有关。为量化大气的厚度，天文上定义大气质量为 X。在头顶方向（即天顶），大气质量 $X=1$；在地球大气外，大气质量 $X=0$。那么在不同高度方向呢？地球大气是密度分层的，由内到外逐渐稀疏。为简单估计，可假设平面平行层大气，那么天顶角 z 越大（离地平越近），穿过的大气就越厚（图7），大气质量的一阶近似为 $X=\sec(z)$。知道了对某一波长的消光系数和大气质量，它们的乘积 kX 就是在该波长上的大气消光。

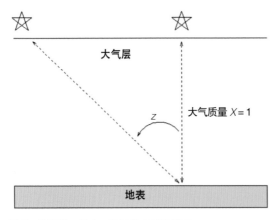

图7 天顶角 z 越大，穿过的大气就越厚

　　大气消光会使星星在一天中的不同时刻亮度不同，这为天文观测中星星亮度的量化标准带来了不便，我们不得不考虑该以什么高度的星星的亮度作为基准。实际上，天文中定义亮度的视星等是地球大气外的星等。假设一颗星的视星等为 m，那么在地面上，由于受到大气消光的影响，我们理论上测得的星等则为 $m_1=m+kX$。公式中 X 和 m_1 为变量，我们可以多次测量它们来限定最终的视星等 m（图 8）。这个从大气消光后亮度反推消光前亮度的过程在天文上被称为大气消光改正，它是地面光学天文数据能够被天文学家通用的最关键的操作之一。为了得到更高精度的数据，天文学家会选择最稳定的天气、最合适的标准星，以及最佳状态的望远镜设备来完成大气消光改正。

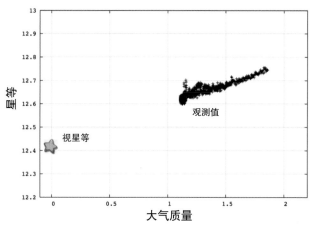

图 8　在不同大气质量下，一颗恒星的星等变化

　　这里介绍的大气对星光的影响及其基本的改正方法都仅仅适用于均匀大气的情况，也就是说，大气本身和其中存在的消光物质（气体原子、分子、离子和尘埃颗粒）是均匀的，或者在同一海拔上是均匀的（所谓分层大气）。如果大气不均匀，我们就无法精确改正。此时的天文观测就真的是雾浓花淡，了无生趣了。

　　地球大气除了能消减星光，还能改变星星的位置。在地面看星星就如看水中的鱼一样，我们看到的是星光经过大气折射后的像。星像的位置和真实位置（地球大气外对应的位置）之差就是蒙气差。和大气消光的原理类似，大气折射导致的星像位置变化跟波长和天顶角相关。蓝光偏折角比红光偏折角大，越靠近地面的星星偏折角越大。通常情况下，在 45° 高度方向，星像会因折射而偏移 1′ 左右。我们很难感觉到大气对星像的折射，但在太阳和月亮升起和落下时，我们常常能看到它们扭曲的形态，这是大气折射的表象（图 9）。

图 9 扫描二维码观看从国际太空站拍摄的"月没"。随着月球逐渐被地球遮挡，其光线受地球大气折射的程度越来越大，外形越来越扁

©Clayton Anderson / NASA; Edited and composed by Tiouraren (Y.–C. Tsai)

宇宙"大厨神"：
星系的形成和演化

王岚

我们都知道，地球在围绕太阳周而复始地运动着。太阳只是银河系千亿颗恒星中的一颗，而银河系也远远不是宇宙的全部。银河系之外还有其他形态、颜色、质量等各不相同的星系。据估计，宇宙中星系的总数目至少达到两万亿个（图1）。

图1 哈勃超深空场（Hubble Ultra Deep Field）的图像。图中所显示的区域仅占全天空面积的约 1/32 000 000，其中包含了 10 000 多个星系。据估计，宇宙中星系的总数目至少达到两万亿个

有的星系和我们的银河系很像，呈现出相对扁平的盘子的形状；有的星系拥有旋转的"手臂"，"手臂"从中心向外延伸，整个星系如果从侧面看就是一个细长条；有的星系更像一个胖乎乎的椭球，从哪个方向看都是圆滚滚的；有的星系颜色发蓝，有的则明显是橙红色。

对于星系更进一步的研究表明，它们所包含的成分也很不一样。在恒星成分之外，有的星系包含很多冷气体，其中有很多恒星正在形成；另一些星系里只有少量气体，也没有新的恒星形成的迹象。而这些星系的恒星成分的质量也很不相同，有的质量很大，有的质量相对小很多，可以相差一万倍甚至更多。

然而，这些性质差别很大的星系又存在一些共性。例如，总的说来，大质量星系中红色的比较多。我们还发现，红色的星系更有可能是椭球形的（图2左图），呈现盘状或者侧向细长条的情况（图2右图）相对比较少。当然，其中也有并不符合大部分星系所遵循的规律的例外。

这些千差万别的星系是怎么形成的？它们又是怎么随着时间逐渐演化成我们所看到的样子的？这就是星系形成和演化研究想要解答的主要问题。

图2 椭球星系 ESO 325–G004（左图），盘状的旋涡星系 NGC 6744（右图）
左图：© NASA, ESA, and The Hubble Heritage Team (STScI/AURA)
右图：© ESO

　　然而，要解答这个问题是非常困难的。一个原因是，相对而言，人类的历史太短，星系的演化太慢，我们只能看到 138 亿岁的宇宙刹那间的快照，无法见证星系诞生和演化的整个过程。即使仔细研究手头的观测结果，我们得到的信息也有限。另一个原因是，星系中包含的物质成分多种多样，涉及的物理过程很多，并且它们还交织在一起，相互影响，导致整个图景过于复杂——剪不断，理还乱。所以，理论上的解释模型目前并没有办法完全恢复所有观测，即使是统计方面的共性规律也没有完全被理解。

　　这就好像你吃到了一桌"满汉全席"，每一道菜各不相同，且都异常美味，能同时享用到这么多美味佳肴更是千载难逢的机会。你特别想知道每道菜是怎么做出来的，这样的话，你回了家也可以一试身手。然而，你见不到烹制这桌美味的神秘大厨，无法当面请教，也看不到大厨的操作过程。你只能在享用的时候细细品味，努力记住味道，并且拍下菜肴的照片，回家继续琢磨，不断实验。

　　对星系的各种观测结果就好像你记忆中品尝到的每道菜的味道和拍摄下来的照片。观测天文学家们会仔细分析、研究得到的这些有限的信息，从图像中测量星系的亮度、颜色、大小，从光谱中得到速度、组成成分、恒星形成的活跃度等信息，找到决定星系性质的关键因素。另外，理论模型研究工作就是不断猜想并实验，努力恢复所观测到的结果的形成过程。

　　你知道了做出某一道菜的主要食材，比如牛肉或鸡肉，也根据尝到的味道知道了要放盐、胡椒、辣椒之类的调料，还知道一定需要用某种方式来不断加热，才能让食材变熟。识别出菜品是如何被烹饪出来的很容易——如果你小通厨艺，根据自己平时的经验就可以大致判断出来某道菜是烧的、炒的还是炸的。但是，你把看一眼、尝一口就猜得到的食材和烹饪方法都用上了，可做出来的味道和大厨做的怎么就不一样呢？

　　宇宙"大厨神"又是如何做出不同形态的美妙的星系的呢？

　　就星系而言，我们现在知道，星系的形成要经历几个主要的过程。宇宙诞生之初既没有恒星，也没有星系，宇宙中主要是温度比较高的氢气和氦气。当这些气体由于引力作用聚集成足够大的气体团块之后，气体团块会经历加热、冷却和坍缩。冷的气体团块局部密度足够大的时候，就会开始形成恒星，如大麦哲伦云中的恒星形成区域 LH 95（图 3），而在恒星的形成和演化过程中会产生氢和氦之外的其他元素。

通过理论研究，并对比研究结果和观测结果，我们还知道气体不会一直冷却且持续地形成恒星，而是存在某些阻止气体冷却或者加热已经冷却的气体的

图 3 大麦哲伦云中的恒星形成区域 LH 95 。图中可以看到较暗的气体和尘埃带，以及正在形成和已经形成的恒星

过程。后者被称为反馈过程，目前人们认为，这是由恒星演化后期的星风、超新星爆发等剧烈活动或星系中心的黑洞吞没周围物质而释放出大量能量造成的。反馈过程使星系的整个形成和演化过程变得复杂。

此外，星系并不是孤立存在并且演化的。有些星系间的距离相对较近，彼此之间的引力会让它们相互吸引，不断靠近。最终，它们可能会碰撞并合成一个更大的星系（图4），这一点让星系的性质发生融合和改变——情况进一步复杂化。

图4 正在发生并合的两个星系 NGC 4038-4039，又称天线星系。这幅照片没有包括因潮汐作用而产生的长长的"天线"

©NASA, ESA, and the Hubble Heritage Team (STScI/AURA)-ESA/Hubble Collaboration

这些过程就好像大厨在同时烹饪几种不同的食材，并添加了好几种调料，一种味道会融入其他味道中，让人有时候无法分辨他到底用了什么食材，加了什么调料——也许更重要的因素是，大厨用了什么火候，分别烹饪了多长时间……我们只能不断尝试，改变食材与调料的配比，调整火候。

如果经过很多次实验，味道还是不对，那你就会猜测：宇宙"大厨神"一定有自己的独门秘诀。也许，他在每道菜中都用了我们还不知道的特别配料；也许，他对某道菜用了特别的烹饪方法。我们只能根据经验和观测去猜测，并继续测试。把一道菜试对了，就已经很了不起了。但是，如果我们想彻底了解宇宙中的星系，就需要恢复整桌的"满汉全席"，还要将整桌菜在几天内做出来，而且必须遵循同样的物理规律，达成"天时、地利、人和"——想想就是一件不可能的任务。

然而，科学家都患有"强迫症"——他们和"好吃佬儿"一样，不达目的就不罢休。一方面，他们继续观测宇宙，并用更先进的技术分析得到的观测结果，希望从中得到更多的提示。另一方面，实验仍然在继续，对于"大厨神"的秘诀的探究不会穷尽。

系外生命：
风景这边独好？天涯何处无芳草？

王炜

据说，大约在 20 万年前，智人从非洲出发，逐步向亚洲和欧洲迁徙。得益于更大的脑容量和更先进的石器制作技术，他们成功适应了新的家园。在 15 世纪，随着航海技术的发展，欧洲人开始探索亚欧大陆和非洲大陆以外的世界，希望发现海那边的"新大陆"。从 20 世纪中叶开始的以计算机、能源、空间和新材料等技术的大发展为标志的第三次科技革命，引发了人类新一轮的"对外探索"，人造探测器飞出了太阳系，人类的足迹可能在 20 年内就会到达火星，未来的巨型空间望远镜或将直接看到几十光年外的类地行星。

我们并不清楚，人类在科技爆发时代之前的数次迁徙到底是出于生活所迫，还是源于对未知世界的好奇，抑或兼而有之。但毫无疑问，最新一轮对外太空的探索，主要推动力就是好奇心。毕竟在当今这个科技发达的年代，人类没必要为了生存和解决温饱问题而探索外太空吧？

那么，我们到底在好奇什么呢？我们好奇的是，地球和地球上繁衍的生命在宇宙中是否独一无二？在茫茫宇宙的亿万星系中，人类的身影是否在孤独地飘荡？在另外一个恒星系中，在另外一个星球上，是否存在着生命，存在着智慧与文明，甚至存在着可以实现空间跳跃、降维打击人类文明的"高等文明"？

天文学发展到今日，人类已经知道这个宇宙中有千亿个类似银河系的星系，每个星系中有千亿颗恒星，有研究认为，每 2.5 到 30 颗类太阳恒星周围有一颗宜居带类地行星，或许还有更多的卫星。比如，太阳系中就有 8 颗行星、几百颗卫星，其中与地球大小相似且在过去、现在或将来可能拥有生命的行星和卫星就不止5颗。因此，宇宙中类似地球这种能够孕育生命的星球可能有3000亿亿颗！当然，能够孕育生命不代表一定会孕育和发展出生命，更不能代表在某一时刻存在文明。

美国天文学家弗兰克·德雷克（Frank Drake）博士在1961年提出了著名的"德雷克公式"，用来估算银河系内能够与我们通信的文明的数量N。令人啼笑皆非的是，不同的研究给出的N值范围很广，从9.1×10^{-11}（大约百亿分之一）到15 600 000，数值居然相差了18个数量级。所以，与其这样粗略估计，倒不如掷硬币，正面表示"风景这边独好"，反面表示"天涯何处无芳草"呢。

当然，科学家们并不满足于这个过于简单的公式，而是循序渐进地用科学方法来一步一步搜寻地球之外的生命，目标包括太阳系内的行星和卫星，以及太阳系外的宜居带类地行星。由于篇幅所限，我们在此仅简要介绍系外行星生命搜索领域的现状和前景，尤其是在系外行星探索中已经立下汗马功劳，或列入计划，或还处于讨论之中的空间望远镜项目（图1）。

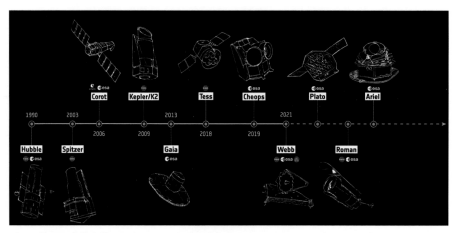

图1 美国国家航空航天局（NASA）和欧洲空间局（ESA）已开展、即将开展或在讨论和建议之中的与太阳系外行星研究相关的空间望远镜项目

©ESA

这些项目分为两类：一类旨在搜寻行星，另一类旨在研究行星。前者包括独立发现 4000 多颗行星候选体的开普勒空间望远镜项目，以及已投入使用、期待发现类地行星的凌星系外行星巡天卫星项目，还有计划在 2026 年开始工作，旨在搜寻宜居带类地行星的柏拉图探测器（PLATO）项目。这些"行星猎人"（planet hunter）项目很可能会发现大量的系外行星，以及几十颗到上百颗宜居带类地行星。

目前，已发现的宜居行星大约有 60 颗，而它们大部分处在比太阳活跃得多的 M 型矮星附近。M 型矮星一般被称为"红矮星"，其温度（2300 开尔文 ~ 3800 开尔文）显著低于太阳，质量和半径只有太阳的 0.1~0.6 倍。这类恒星的寿命非常长，大部分却不稳定，经常产生大规模耀斑，电磁环境恶劣，因此宜居环境时常遭到破坏。研究表明，恒星活动很可能会迅速摧毁岩石行星的大气层，使得它们不再宜居。

在撰写本文的初稿时，笔者正在第一届"凌星系外行星巡天望远镜科学会议"（TESS Science Conference）的现场，令人兴奋的新发现如雨后春笋一般涌现。比如，凌星系外行星巡天望远镜发现，半径只有地球半径三分之一的行星数量可能比理论预测的数量更多。再如，它还发现了更多的宜居带类地行星。时至今日，人类已经发现了第一颗系外卫星、60 多颗宜居带行星，还发现并定义了一类新的可能存在生命的行星——氢海行星。氢海行星拥有以氢气为主的稀薄大气层和以液态水为主的行星表面，此类行星也可能孕育生命。

瞄准这些行星搜寻项目发现的类地行星后，天文学家提出了更多旨在探测和研究这些类地行星大气的计划，包括专用于探测行星大气的系外行星特性刻画卫星（简称 CHEOPS）项目、系外行星大气遥感红外大型巡天（简称 ARIEL）项目和宜居系外行星观测器（简称 HabEx）项目。此外还有一些通用空间望远镜，如詹姆斯·韦布空间望远镜（简称 JWST）、大型紫外 / 可见光 / 红外探测卫星（简称 LUVOIR）和起源空间望远镜（简称 OST），它们的主要科学目标也是研究类地行星大气、探索生命起源。

其中，CHEOPS 的主要科学目标是精确测量行星 / 恒星半径比，ARIEL

只能针对大的、热的行星做大气研究。口径分别为 4 米和 6.5 米的 HabEx 和 JWST 应该能够对岩石行星进行初步的研究，但对于探测类太阳恒星周围的宜居带类地行星几乎无能为力。毫无疑问，口径约为 8 米或 15 米的"巨无霸"LUVOIR 望远镜和口径约为 9 米的中远红外望远镜 OST 就非常强大了，其项目预算也极为高昂。

是不是挺让人纠结的？掷硬币只需要一个硬币，而做科学研究需要无数个硬币！

据美国天文学家们推测，HabEx、LUVOIR 或 OST 被最终选中并实施的可能性不大，它们不是性价比不高，就是风险太大，而同期提出的 X 射线空间天文台项目 Lynx 的呼声更高[①]。对于系外行星研究领域来说，这或许是一个巨大的遗憾；然而对于中国天文学家来说，这或许是一个抓住前沿方向、追赶国际最高研究水平的机遇。系外行星研究领域（包括系外行星的探测和刻画）在中国还处于起步阶段，主要原因是缺乏必要的观测设备。古语说得好："工欲善其事，必先利其器。"我国行星领域的专家早已深刻认识到差距的存在，并提出了几个行星探测空间项目的建议，主要目标是研究太阳系领域的宜居带类地行星。这些项目独辟蹊径、敢于创新，如果成功了，对中国乃至全世界的系外行星研究领域都将有巨大贡献。

与此同时，中国科学院国家天文台联合长春光学精密机械与物理研究所、紫金山天文台、北京大学等国内单位，以及德国的马克斯·普朗克地外物理研究所、马克斯·普朗克天文研究所和英国剑桥大学等国外机构，计划推出一个"以我为主、多国合作"的系外行星大气探测专用 4~6 米级空间望远镜，配备紫外 – 光学 – 红外低分辨率光谱仪和高分辨率光谱仪，集中研究 GK 型主序恒星附近的宜居带岩质行星和类地行星的大气，探索可能存在的生命表征信号，比如臭氧和氧气（图 2），以及叶绿素（在针叶林中）和嗜盐菌（图 3）。

---

① 然而，在 2021 年 11 月发布的一份名为"天文 2020"（ASTRO2020）的十年规划报告明确提出，美国要把建造一个可用于探测系外生命的 6 米级望远镜作为重大空间计划的首选，预计耗资 110 亿美元。

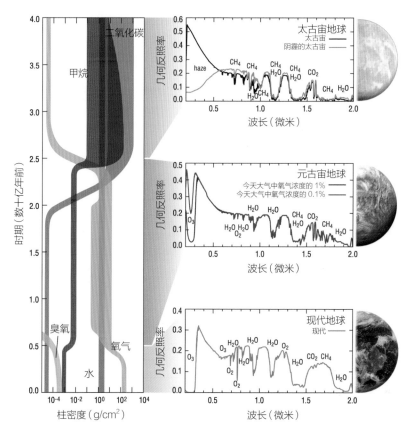

图 2 从太古宙、元古宙和现代地球的反射光谱中，我们可以看到紫外波段的臭氧分子吸收，以及光学波段的氧分子、水和甲烷吸收的情况

©G. Arney / NASA/Goddard Space Flight Center

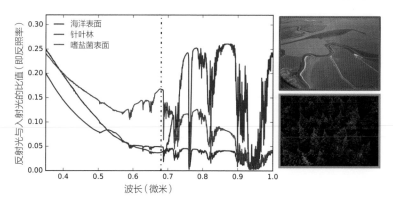

图 3 海洋表面（蓝色）、针叶林（绿色）、嗜盐菌表面（红色）的反照率

©Schwieterman, 2018, *Handbook of Exoplanets*

　　这是一项重要的任务。我们希望通过科学的方法、设备的升级、方法的改进以及天文学家的努力，试图回答人类一直好奇的那个问题：关于生命，到底是地球"风景这边独好"，还是"天涯何处无芳草"？这也是一项艰巨而持久的任务。人类探索外太空的步伐还未真正迈出，更有未知的困难藏在迷雾之中，需要不止一代天文学家和技术专家不懈地拼搏和努力。不忘初心，砥砺前行！

宇宙是什么形状的？

高长军

　　宇宙有边界吗？如果有，它在哪里？宇宙到底是什么形状的？换言之，宇宙究竟是闭合的，还是开放的？这不仅是大众好奇的问题，也是长久以来科学家和哲学家痴迷的重要科学问题。2019 年，三位分别来自英国、意大利和法国的宇宙学家埃莱奥诺拉·迪·瓦伦蒂诺（Eleonora Di Valentino）、亚历山德罗·梅尔基奥里（Alessandro Melchiorri）和约瑟夫·西尔克（Joseph Silk），根据最新的观测数据考察了宇宙的形状问题。他们发现，宇宙很可能是闭合的，形状类似球体①。这向以往天文学家公认的平坦宇宙学模型提出了挑战。

　　爱因斯坦早在 1917 年，也就是在他建立了描写引力的场方程之后的第三年，就从场方程出发，研究宇宙的起源问题。爱因斯坦认为，在宇宙这么大的尺度上，物质分布应该是均匀和各向同性的。为此，他提出了著名的宇宙学原理。事实证明，这个原理与后来的天文观测惊人地一致。在宇宙学原理的基础上，爱因斯坦建立了一个闭合的、有限的宇宙模型。由于爱因斯坦认为，宇宙在大尺度上不仅是均匀和各向同性的，而且应该是静态的，因此他构建的是一个静态的闭合宇宙模型。

　　1922 年，苏联科学家亚历山大·弗里德曼通过求解爱因斯坦场方程，发现宇宙不一定是静态的，它可以是膨胀的。根据宇宙学原理，他发现爱因斯坦场方程有三种形式的解：膨胀的三维欧几里得空间、膨胀的三维球和膨胀的三维伪球。

---

① 实际上，根据选取的模型和数据集不同，所得结果略有差异，目前主流观点仍认为宇宙是平直的。即使测量结果显示"宇宙是闭合的"，其结果也与平直宇宙相差很小，有待更精确的测量。

三维欧几里得空间就是我们在日常生活中"感知"的三维空间，只是我们"感知"不到它的膨胀。三维球不是类似于实心铅球的东西，而是一个三维空间：在这个空间里，你去掉任何一个维度，得到的都是一个二维的球面，所以它是闭合的、有限的。三维伪球的截面则可以是二维的双曲抛物面（马鞍面），所以它是开放的、无限的。总之，根据宇宙学原理，空间有且仅有这三种形状（图1）。

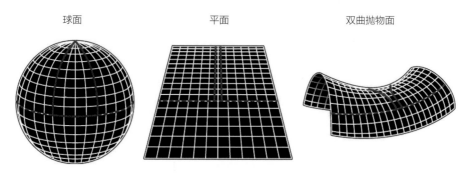

| 球面 | 平面 | 双曲抛物面 |

图 1 宇宙空间的三种可能形状：闭合、平直和开放空间，分别类比于球面、平面和双曲抛物面
©NASA

随后众多的天文观测表明，宇宙在空间上是非常接近平直的。这意味着你去掉任何一个维度，得到的都是无穷大平面。所以，我们的宇宙空间应该是开放的、无限的、没有边界的。1980 年，美国科学家艾伦·古斯（Alan Guth）提出宇宙暴胀理论，很好地解释了宇宙的这种空间平直性。暴胀理论告诉我们，宇宙在诞生之初，曾经发生过一次剧烈的体积膨胀过程。

具体地讲，我们的宇宙从尺度为 10^{-35} 米瞬间（历时 10^{-33} 秒）膨胀到了 10^{-5} 米，体积膨胀了 10^{90} 倍。这个倍数相当于把一个普通气球吹成当今宇宙的大小（图2）。如果在这个巨大无比的气球表面上趴着一只小蚂蚁，那么它一定认为自己趴在一个平面上。所以，即使宇宙这张"床单"最初非常皱，但经过暴胀，它也会被抻得非常平。在暴胀结束后，宇宙先后进入热膨胀和以物质为主的膨胀过程。今天，宇宙处在物质、暗物质和暗能量共同主宰的加速膨胀阶段。

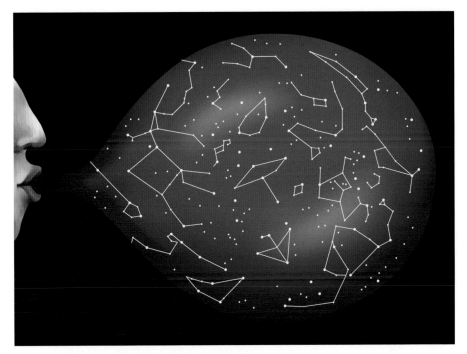

图 2　宇宙暴胀大约相当于把一个普通气球吹成当今宇宙的大小

总之，暴胀理论加上平坦宇宙的标准宇宙学模型深入人心，几乎成了大家的共识——我们的宇宙是平直的、开放的。

另外，在科学的发展史上，我们经常会看到一个非常有趣的现象：所谓的"事出反常必有妖"，极个别反常的现象往往引导人们做出一些伟大的发现。例如：黑体辐射的紫外灾难促使普朗克提出量子论，迈克尔逊－莫雷实验的异常结果与狭义相对论的诞生息息相关，水星近日点的反常运动需要爱因斯坦构建广义相对论来解释，测量星系旋转曲线得到的反常结果促使弗里茨·兹维基（Fritz Zwicky）考虑宇宙中存在着暗物质，宇宙膨胀速度的反常（加速）促使人们猜测宇宙中存在着暗能量。

所以，反常总是连连，而惊喜总是不断。2018 年，人们在欧洲空间局普朗克卫星任务发布的宇宙微波背景辐射图（图 3）上又发现了一个反常现象：引力透镜导致的反常振幅增高。

"宇宙微波背景辐射"堪称宇宙中最古老的物质，它是宇宙"大爆炸"产生的热辐射。2018 年发布的这张宇宙微波背景辐射图是迄今人类对微波背景做出的最精确的测量。因此，对于在这张背景图谱上发现的反常振幅增高，人们必须严肃对待。

为什么要严肃起来呢？因为，这个增高是以平直宇宙为基础的标准宇宙学模型所不能解释的。这促使迪·瓦伦蒂诺、梅尔基奥里和西尔克三位宇宙学家重新审视我们宇宙的形状问题。他们发现，如果摒弃标准宇宙学的平直宇宙思想，代之以一个有限的、闭合的宇宙，则不仅可以很好地解释这种反常现象，而且可以大大缓解哈勃常数危机，真可谓一举两得。这一重要思想已经于 2019 年 11 月 4 日在《自然·天文学》上发表。

图 3 普朗克卫星任务发布的宇宙微波背景辐射图
©ESA

另外，自 2018 年始，哈勃常数危机一直深深地困扰着宇宙学家。宇宙学家基于平直宇宙的思想，并对普朗克卫星任务得到的宇宙微波背景辐射图做分析后，得出今天的哈勃常数为 (66.9 ± 0.6)km/(s·Mpc)（Mpc 代表 3 260 000 光年）。而通过对造父变星光谱的分析，他们又得出今天的哈勃常数为 (73.4 ± 1.4)km/(s·Mpc)。二者相差 3 个标准差，这意味着在统计意义上，两个数据存在着难以理解的巨大差异。相反，如果摒弃平直宇宙的思想，重拾闭合宇宙的观点，那么这一巨大差异将被显著消除。

总之，2018 年发布的宇宙微波背景辐射图展现了反常的振幅增高，这是以平直宇宙为基础的标准宇宙学模型所不能解释的。相反，一个闭合的、有限的三维球形的宇宙不仅可以很好地解释这一增高，而且可以极大地缓和近几年出现的哈勃常数危机。如果进一步的研究确认了三维宇宙学家的发现，即我们生活的宇宙空间竟然不是膨胀的三维欧几里得空间，而是一个膨胀的闭合三维球，那么这不仅将推进人类时空观念发生根本性的转变，而且之前基于平直宇宙所做的研究都要为此经过重新审视，因此宇宙学也将再一次面临深刻的危机。

第三篇
暗不可测的宇宙

拉尼亚凯亚超星系团。"拉尼亚凯亚"在夏威夷语里的意思是"无尽的天空",这是众多星系组成的超星系团,也是银河系和其他约 10 万个星系共同的家园。图中的红点是银河系所在的位置。我们的地球在浩瀚的宇宙中不足一个小点儿。

潮汐瓦解：黑洞的甜点，天文学家的盛宴

李硕

什么是"潮汐瓦解"？即便大家对这个领域不熟悉，光听名字应该也能猜个大概：潮汐，八成跟潮汐作用有关；而瓦解，就是碎了。我们只是还不清楚，谁是那个稀碎的"倒霉蛋"。下面我就来给大家隆重介绍一下。

先从大家熟悉的概念开始吧。提到潮汐，大家的第一反应可能就是我们熟悉的潮涨潮落。作为一个普通的"小破球"，我们的地球受到了来自其他天体的引力。大家已经知道，引力随距离的平方衰减：距离越远，引力越弱。以月亮为例，由于地球是一个球体，因此地球上距离月亮较近的地区和较远的地区相比，它们所受到的月亮的引力作用大小是有区别的。本来呢，如果地球整体就是一个结实的大秤锤，这点儿引力的差别可能也翻不出什么大浪，可偏偏地球上大半地区都被流动性很好的海水覆盖……于是就热闹了。随着地球自转，海水会因受力的不同而发生涨落，也就是我们看到的潮涨潮落。在太阳系中，对地球有明显潮汐作用的天体就是太阳和月亮。太阳质量大，但离我们较远；月亮质量小，但离我们较近。把这两个小伙伴凑到一块儿，比比它们的贡献，我们会发现，倒是月亮的影响更大一点儿。

你可能会觉得，潮汐作用除了偶尔把一些船和海洋生物拍在沙滩上，倒也算不上穷凶极恶，况且它还为这个世界带来了富有诗意的变化，让我们的生活不那么单调，这似乎还挺不错。然而，那恐怕仅仅是因为我们的"运气好"：月亮的质量比较小，距离我们也足够远。否则会怎样呢？看看可怜的木卫一就知道了。这个"倒霉蛋"和太阳系里最大的行星——木星做邻居，而且离得特别近。结果因为严重的潮汐作用，这个只比月球稍大一点儿的卫星被木星"按

在地上反复摩擦"，被揉搓成了一个椭球。而且，由于潮汐作用实在太强，木卫一内部受到了严重的拉扯，产生了大量的热量，因此它上面有四百多座活火山。频繁的火山活动导致木卫一上面几乎找不到陨石坑，因为刚撞击出来的陨石坑很快就会被火山喷发出来的物质覆盖得一干二净——木卫一表面活脱脱像个地狱（图1）。

图1　"伽利略号"探测器于 1999 年 7 月获得的木卫一高分辨率图像。图中可以清楚地看到一股火山羽流从木卫一的表面喷发出来
©NASA/JPL/University of Arizona

所以说，潮汐作用也可以有很强的破坏力。那么，如果情况再极端一点儿呢？为了让我们的讨论更进一步，有必要请出大家熟悉的老朋友——黑洞。大家或多或少都听说过它的一些传说，这是一类极端的天体，任何落入黑洞的物质都没法再回头。假如我们的太阳变成了一个黑洞（当然，从恒星演化的角度看，实际上是不可能的），而地球又不凑巧地跑到了离黑洞很近的地方，那么黑洞附近的潮汐作用完全有可能把地球撕得稀碎。只不过，这个致命的距离需要非常非常近，近到只有太阳半径的一半多一点儿——这么近的距离当然是不太可能实现的。但是宇宙那么大，什么没有啊？类似的事情，换个环境就未必不可能了。

我们在很多星系中心都发现了超大质量黑洞存在的证据。比如我们的银河系中心就有一个大概四百万倍太阳质量的黑洞，而银河系中心又有很多恒星扎堆。如果有一颗恒星跑去"招惹"中心黑洞，那么前面假设的那一幕惨剧也是有可能发生的。举例来说，如果我们的太阳跑到了银河系中心去"串门"，一不小心和超大质量黑洞靠得太近了，那么黑洞的潮汐作用就可能把太阳撕得粉碎。只不过这次的致命距离可要远得多了——大概是日地距离的十分之一。这就是我们今天要聊的潮汐瓦解过程。

天文学家们为什么会对这种事情感兴趣呢？这恐怕要从 20 世纪五六十年代说起了。当时，人们陆陆续续发现了很多奇怪的天体。这些天体虽然看起来就是和恒星一样的小亮点，亮度却可以达到普通星系的上百倍。也就是说，这些天体距离我们非常遥远。显然，出于某种未知的机制，它们产生了巨大的辐射。我们管这类天体叫类星体。随之而来的一个问题就是：这些天体释放的能量是从哪里来的呢？人们就此提出了各种模型，其中一个模型被广为接受：类星体的中心是一个在吞噬周围物质的超大质量黑洞。这个理论从机制上解释了能量的来源，但人们当时并不清楚那些被吞噬的物质是从哪里来的。要知道，由于存在角动量，物质落到黑洞里这种事其实并不像科幻电影里那么容易。实际上，落进黑洞要比在黑洞外面闲逛难多了。

为了解决这个问题，美国天文学家杰克·希尔斯（Jack Hills）在 1975 年提出了一种看上去还挺可靠的机制，即我们前面提到的潮汐瓦解。只要不断有恒星被中心黑洞潮汐瓦解，类星体的能量来源就不是问题。于是在 20 世纪 70 年代末到 80 年代初，天文学家们做了很多工作来估算这类事件发生的概率，想看看潮汐瓦解能不能为类星体提供足够的能量。然而，经过大量的工作，他们意识到这类事件发生的概率实在太低了。对于一个星系，可能要等几万到几百万年才会发生一次潮汐瓦解事件。概率为什么会这么低呢？简单来说，要让一颗恒星掉到黑洞附近被瓦解，难度相当于你随手扔个玻璃球，要让它落在数千千米外的一个一米见方的沙坑里。要不是星系中心有很多恒星，否则这样的事件恐怕等到天荒地老也等不到。显然，对于一个星系中心的超大质量黑洞来说，潮汐瓦解顶多就算是"饭后甜点"，"主食"还得去其他地方找。意识到这一点后，对潮汐瓦解的研究也相对沉寂了几年。

不过到了 1988 年，英国天文学家马丁·里斯（Martin Rees）发表了一篇很有意思的文章。他的想法很简单：尽管潮汐瓦解不足以提供类星体所需的能量，但这类事件本身也会产生很强的能量爆发，并能够被我们观测到。虽然理论估计这类事件在单个星系内发生的概率非常低，但考虑到这种爆发比较明亮，即使在比较远的地方也应该能被看到。这样一来，由于可探测的范围内存在着大量的星系，因此我们对潮汐瓦解事件的总探测率应该不会很低。

里斯是一位知名的天文学家，他具有十分敏锐的直觉。在他的模型里，所有涉及的物理过程都被大刀阔斧地简化了。他假设恒星被黑洞撕碎以后的碎片会沿着不同能量的开普勒轨道运动，并且碎片间的相互作用完全可以被忽略。这样一来，大概会有一半碎片直接冲向茫茫太空，而另一半则会落回黑洞附近。他还假设，这些落回的碎片会很快在黑洞附近形成一个盘状的气体结构——吸积盘，然后再慢慢被黑洞吞掉。因此，我们将会看到一个主要集中在软 X 射线到紫外波段的耀发事件，其光度会随时间的 $-\frac{5}{3}$ 次方衰减，并且依照这类事件和我们的距离，它可以在月到年的时间尺度内被观测到（图 2）。

整个模型非常简单，一个学过大学物理的本科生就可以推导出来。当然，我们也知道，气体之间的相互作用实际上是非常复杂的，里斯做了这么多假设得到的"乞丐版"模型能够真实地还原整个事件吗？一年多后，有人用含有气

图2 潮汐瓦解过程的艺术想象图（上图），瓦解后的恒星残骸一部分"跑路"了，剩下的又被黑洞抓了回来。一个观测到的潮汐瓦解事件（下图）：左边是X射线波段观测到的爆发后的情况（爆发前什么也看不见），右边对应在光学波段看到的爆发（白色圆圈对应左图X射线源的大小）

©Illustrations:NASA/CXC/M.Weiss; X-ray: NASA/CXC/MPE/S.Komossa et al.; Optical: ESO/MPE/S.Komossa

体相互作用的流体动力学数值模拟做了演算，结果发现和他的预言基本一致。于是，关于这一问题的研究又出现了一个小小的高潮。然而，人们很快就失去了耐心，因为理论所预期的现象一直没有被观测到。

就这样，又过去了十来年。到了世纪之交，德国的天文学家斯蒂芬妮·科莫萨（Stephanie Komossa）及其合作者终于在伦琴卫星的观测数据中找到了这样的耀发事件，而且它的光变曲线与理论预测符合得非常好（图2和图3）。

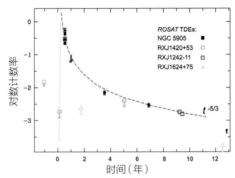

图3　首例潮汐瓦解事件的 X 射线波段光变曲线。图中各种标记为不同时期、不同探测设备测定的 X 射线流量。红色的虚线是依据里斯的经典模型推出的理论光变曲线，可见与观测结果符合得非常好。图中横坐标是以年为单位的时间

©Komossa 2005

至此，天文学家们历经几十年的不懈努力，终于把潮汐瓦解揪了出来。对于这一发现，天文学家们十分兴奋，因为潮汐瓦解是一种十分有用的探针。一般而言，黑洞这种极端的天体本身不会有明显的辐射。我们要想研究黑洞，就需要找到一种能够照亮黑洞的机制。前面提到的类星体就是这种情况——大量气体在黑洞周围形成了吸积盘，同时产生了很强的辐射。类似的情况在 X 射线双星中也能找到不少。所谓 X 射线双星一般是恒星质量级的黑洞和伴星形成的系统，黑洞吞噬伴星的物质形成吸积盘并带来很强的 X 射线辐射（图4和图5）。可见，要想"看到"黑洞，吸积盘是必不可少的。问题是，宇宙中能产生吸积盘的天体大多寿命非常长，比如上面提到的类星体，甚至可以持续1000万年到1亿年，所以我们很难看到吸积盘的形成和消散。因此，关于吸积盘的演化也存在着许多尚未解决的问题。而潮汐瓦解过程恰恰是一种持续时间比较

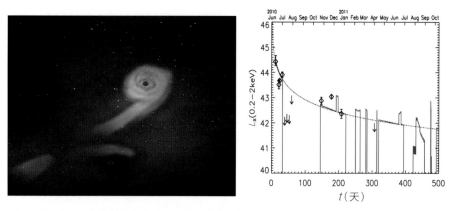

图4 星系中心互相绕转的超大质量双黑洞潮汐瓦解艺术想象图（左图）。主黑洞将一颗恒星撕裂成细长气体流，该气体流在流向黑洞形成围绕黑洞旋转的吸积盘时被高温加热，产生X射线辐射。当次黑洞绕转到气体流附近（无须穿过）时，产生的破坏性引力扰动作用使气体流中部分气体飞离，留下一段空隙。X射线光变曲线则相应地出现突然下跌直至黑暗的现象。双黑洞对星系SDSS J120136.02+300305.5 X射线光变曲线的完整重构（右图中红实线）。图中菱形符号为观测值，向下的箭头代表X射线源亮度低于探测极限时得到的流量上限，表明实际亮度低于该值。黑色虚线为单黑洞潮汐瓦解的典型光变曲线

左图：©ESA –C. Carreau
右图：©Liu et.al. 2014

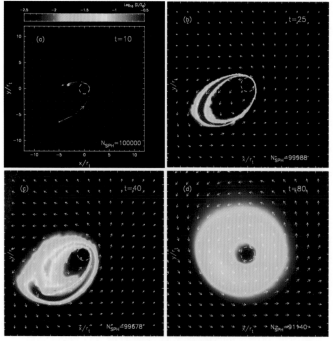

图5 通过相对论流体动力学数值模拟研究恒星被潮汐瓦解后吸积盘的形成过程。图中a～d四个小图分别代表演化的不同阶段

©Kimitake et. al. 2016

短的事件，它不仅能够短暂地照亮那些平时因为缺少气体而十分宁静的黑洞，还能让我们有机会从一开始就追踪吸积盘的形成与演化，直至其生命的终结。这对检验吸积盘理论十分有帮助。

当然，如果我们以为潮汐瓦解只有这点儿用途，那就是小看它了。对于超大质量黑洞来说，恒星被撕碎的地方往往十分接近黑洞的视界，因此，这类事件往往伴随着较强的引力波辐射。其中有些极端的事件很有可能会被今后的空间引力波天文台探测到。对这类事件的研究将为我们检验广义相对论在极端条件下的适用性打开一扇窗。此外，我们知道星系在漫长的演化过程中往往会经历多次并合。如果多数星系中心有一个超大质量黑洞的话，那么星系的并合很有可能会造就一个超大质量黑洞双星系统。而如果其中一个黑洞发生了一次潮汐瓦解，那么由于另一个黑洞的扰动，被瓦解的恒星的残骸可能就无法连续地落回原先的黑洞附近，这样我们就会在潮汐瓦解事件的光变曲线中看到明显的截断。而这种扰动的强弱也受到双黑洞轨道相对位置的影响，经过一段时间以后，被截断的物质还有可能再落回去。北京大学的刘富坤教授领导的团队最早提出了这一理论，并在 2014 年成功地找到了一例观测候选体。随后在 2020 年，安徽师范大学的舒新文教授及其合作者又找到了第二例候选体。由此潮汐瓦解也成了为数不多的能够在宁静星系中找寻超大质量双黑洞的手段之一。

正是因为潮汐瓦解如此重要，进入 21 世纪后，特别是在过去的十余年中，天文学家们对其进行了大量的理论研究与观测，成果十分丰富。随着观测手段的进步，人们越来越重视那些在相对较短的时标内发生变化的事件，即所谓的**时域天文学**。尽管还处于起步阶段，但这方面的努力已经带来了大量的观测成果。如今我们已经找到了百余例候选体，而且发现除了在 X 射线和紫外波段，很多潮汐瓦解在可见光波段也有非常明显的光变（图 2）。时至今日，我们通过可见光波段找到的潮汐瓦解候选体甚至比通过 X 射线 / 紫外波段找到的要多不少。而且在少数的事件中，我们还观测到了常在活动星系核中出现的喷流、射电辐射、发射线以及红外尘埃回响（由中国科学技术大学的蒋凝老师及其合作者首次发现），还有可能探测到了中微子辐射。

　　找到了那么多的候选体，当然也产生了不少问题。比如说，人们发现大多数候选体，特别是那些通过光学手段找到的候选体，它们的光变曲线实际上和理论预期的衰减速度很不一样。有些候选体的光学光变与 X 射线光变甚至都不同步。这说明，我们熟悉的简化模型并不足以解释所有观测现象。人们对潮汐瓦解吸积盘的形成与辐射机制仍然有很多不明白的地方。于是，大量细致的理论与数值模拟工作深入地讨论了存在于各种现实情况下的机制对观测会有什么影响，还提出了类似活动星系核统一模型的几何构型理论。对潮汐瓦解的研究迅速进入了一个观测与理论齐头并进的爆发期。

　　潮汐瓦解作为一个相对比较年轻的领域，在过去的 40 多年中不断地发展进步，慢慢地从一个毫不起眼的假说发展成了一个热闹的大话题。有人说，潮汐瓦解正处于一个发展的黄金期。而恐怕它更愿意说："成功？我才刚上路呢。"在不久的将来，大量的时域巡天项目将使潮汐瓦解的样本扩张几个数量级。比如，将在 2025 年开始运行的薇拉·鲁宾天文台（图 6 左图）可以每隔几天就把可观测的天区扫描一遍，预计每年能找到成百上千的潮汐瓦解事件。而我国研制的爱因斯坦探针 X 射线巡天望远镜（图 6 右图）预计也将在 2023 年底发射升空，它甚至可以做到在 X 射线波段每天扫描全天好几遍。所以在不久的将来，天文学家们即将迎来一场潮汐瓦解研究的盛宴。

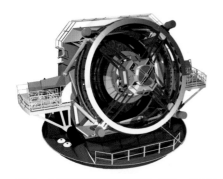

图 6　未来的潮汐瓦解探测利器：薇拉·鲁宾天文台（左图）与爱因斯坦探针 X 射线巡天望远镜（右图）

左图：© LSST

右图：© EP team/National Astronomical Observatory of China

"相爱相杀"的双星系统

出双入对的双星

夜空中有趣的双星系统是怎样"相爱相杀",为冰冷的宇宙带来一场场星际悲喜剧的?

尽管夜空中的星星看上去总是那么拥挤(图1),实际上两颗恒星之间常常

图 1 夜空中的星星
摄影:北京市第十二中学
牛雨萱、浦士毕

隔着数千光年。因此，至少对我们这种只能以光速的亿分之一行走的物种而言，宇宙是一方广袤的荒原。对于一颗如太阳这样平凡的恒星而言，穷其一生也仅有几次机会在较近的距离上遇到另一颗恒星。很多恒星在离开诞生地后就一直孤独地生存，直至死亡来临。

然而，有那么一些幸福的恒星，它们有自己的伴侣。由两颗恒星组成的系统被称为双星系统。两颗恒星手拉着手，相互转啊转，幸福感满满。还有少量比较"过分"的恒星，竟然"三心二意"！

距离太阳这个"单身汉"最近的恒星叫比邻星（图2），长得娇小可怜，是一颗红矮星。估计太阳已经觊觎它很久了。不过呢，比邻星属于一个三星系统，

图2 左边的一颗亮星是半人马座α星A，半人马座α星B隐藏在星A的光芒后。中间偏左下有一个红圈，里面的暗红色小点就是比邻星
©Skatebiker at English Wikipedia，CC BY-SA 3.0

半人马座 α 星 A 拥有这颗比邻星，它还有一个"正房"，即半人马座 α 星 B。半人马 α 三星系统可是大明星，不仅因为它是刘慈欣的小说《三体》中三体人的母星原型，还因为 2016 年天文学家在比邻星旁边发现了处于宜居带上的类地行星。

当然，在真实的宇宙中，像《三体》中描述的那么疯狂的三星系统是很难存活下来的。它们很快就会演化成稳定的状态，通常是两颗质量大的星在中心，形成一个双星系统，质量较小的一颗则在外面绕着双星转，就像半人马座 α 那样。否则这样的三星系统会很快瓦解，三颗恒星各奔东西，从此成为路人。

还有很多著名的恒星属于双星。譬如，天狼星是北天最亮的恒星，是一颗蓝白色的 A 型恒星，它有一个"最萌高度差"伴侣，它的伴星是一颗白矮星（图 3），这两颗星的质量相差一倍，但是半径相差了足足 200 多倍。

很多孩子认识的第一个星象是大熊座尾巴上的北斗七星。其中从"勺把"上开始数的第二颗恒星是开阳，它也属于双星

图 3　天狼星和它的白矮星伴星（左下角）

系统。它旁边有一颗刚好肉眼可见的暗星，叫作辅（图 4）。这对星常常被中国古人用来检查视力，一个人想去当兵，如果能看到那颗暗星，就算视力合格了。

图4 北斗七星，左数第二颗是开阳，其左上方紧挨着的暗星是辅

实际上，它们各自都属于一个双星系统。也就是说，它们是由两对双星组成的聚星。

还有一对美丽的双星——天鹅座 β，两颗星一黄一蓝，非常好看。但是最近欧洲空间局的盖亚天文卫星对它们的距离和运动的测量表明，这看上去幸福满满的一对，实际上只是"路人"。它们之间相差了 60 光年，而且运动方向也是背道而驰。只是出于空间投影的原因，它们从今天太阳这个位置看上去挨得很近而已。

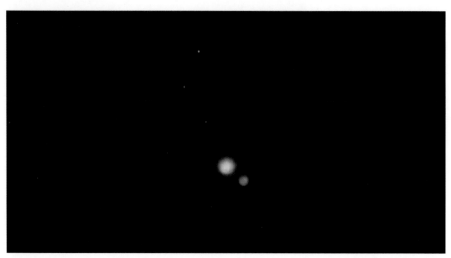

图5 天鹅座 β 双星

　　关于双星系统，我们先聊到这里。我们接下来聊一聊双星是如何演绎"相爱相杀"的宇宙言情剧的。

宇宙言情剧

　　和我们的直观认识相反，研究表明，天上成对出现的恒星实际上非常普遍，大约有一半的恒星属于双星系统，还有 5% 左右是由三星或由更多恒星组成的聚星。双星系统里面质量较大的叫主星，质量较小的叫次星。

　　像太阳这样的"单身"恒星的故事乏善可陈，但是双星家庭里每天都上演着各不相同的悲欢离合的故事。两颗恒星"相爱相杀"，精彩程度超过了任何一本人类的爱情小说。

　　有的双星相敬如宾，保持着非常远的距离，靠着一丝微弱的引力维系着两者的关系，它们称为远距双星。和人类家庭一样，这样的系统十分脆弱，一旦另一颗恒星闯了进来（科学术语称为"交会"），很容易就会被拆散。

　　在银河系绝大多数地方，两颗恒星相遇的概率非常低。以太阳为例，最新的研究表明，每一百万年大约只有 20 颗恒星能够到达距离太阳 3.26 光年的位置。但是在星团中或者银河系的中心区，每立方光年的恒星数目可以从 0.01 颗达到 100 颗，这么密集的恒星汇聚在一起，两颗恒星相遇的概率就要大得多了。

　　你可以想象，一个人深更半夜在广场上乱跑，和挤在早高峰的地铁车厢里与别人擦肩而过的概率的差异。因此，星团中的远距双星更容易因为和其他恒星交会而被瓦解。

　　反过来，当两颗"单身"恒星以一个微妙的角度交会的时候，也可以相互牵住手，形成一对新的双星，这就是传说中的一见钟情吧！理论上讲，在星团中，被拆散的双星和新组成的双星的数目大致保持动态平衡，因此这种远距双星的比例看上去应该没有什么变化。

　　在有些双星系统中，两颗星非常亲密（距离非常近），它们称为密近双星

（图6）。这种如胶似漆的情侣恒星看似幸福无限，但是其中也隐藏着很多危险。首先，由于动力学摩擦的作用，两颗恒星的距离会越来越近，同时会发生潮汐锁定现象，也就是两颗恒星自转和公转的周期变得一样，永远都是同一面朝向对方。这就像月亮永远都是正面对着地球，在地球上永远看不见其背面。

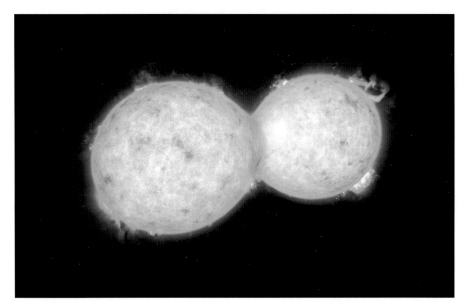

图6 密近双星的艺术想象图
©ESO/L. Calçada, CC BY 4.0

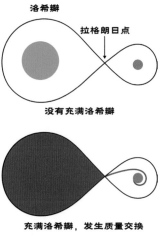

　　其次，当两颗星的距离近到一定程度的时候，还会发生质量交换。当密近双星中的一颗恒星的半径达到洛希瓣的时候，它的质量就会通过两星之间的拉格朗日点传输到另一颗恒星上（图7）。这样，一颗恒星"输血"给另一颗，两颗恒星的质量比例因此发生变化。

图7 洛希瓣与质量交换

这个过程一直进行，直到损失质量的恒星半径缩小到洛希瓣之内才会停止。这时，双星的质量通常已经发生了反转。也就是说，主星变成了次星，而次星变成了主星。质量交换这个复杂过程为双星系统的演化带来了花样繁多的结局，搞得天文学家至今云里雾里，对此类情况的很多研究还不得要领。

在极端情况下，一颗恒星可以用这种办法把另一颗恒星整个吞掉，双星就变成单星了。这是不是很像螳螂的习性啊？母螳螂和公螳螂在交配之后，母螳螂就会把公螳螂全部吃下去。这样的恒星经常混迹在正常的"单身"恒星中间，天文学家们很难将它们准确挑选出来，因而给恒星物理的研究带来很大困扰。

双星的爱情归宿

由于密近双星之间存在质量交换现象，双星的演化变得十分诡异。这正应了中国的太极图，阴阳相生相克，幻化出大千世界的无穷变化。

研究这些天体的天文学家就有苦头吃了。要从几千、上万光年远的地方以惊鸿一瞥的方式观察和预测有数十亿年乃至上百亿年寿命的双星的命运，是极其困难的。即便如此，天文学家经过半个世纪的努力研究，还是获得了不少新的知识。

在研究年老星团的恒星的时候，天文学家发现这些年老恒星中存在一些看上去非常年轻的蓝色恒星，它们被称为蓝离散星。

蓝离散星自 20 世纪 50 年代被发现后，曾经困扰了人们很长时间。这是因为一般来说，星团的恒星都是在大致相同的时间形成的。但是突然间，在同龄的恒星中出现了一群年轻的恒星，就好像在一群退休的老爷爷、老奶奶的广场舞队伍里出现了几个小学生，这当然是一件非常奇怪的事儿。

今天，越来越多的证据表明，这些蓝离散星并不是真的年轻恒星，而是由于双星碰撞和并合产生的一类长相年轻，但实际非常年老的特殊恒星。

当双星系统中的一颗恒星吞噬掉它的伴星后，它就获得了大量额外的氢原子。这些氢原子可以使它继续保持核心的热核反应，其年龄远远超过正常的恒星。

因此，这些练就了"吸星大法"的家伙就可以长葆青春，一副年轻貌美的皮囊下隐藏着枯老的"星灵"。欧美的科普文章常常将这类恒星称为"吸血鬼"恒星。

还有一种相反的情况。一些恒星被它的伴星吸取了包层，于是只能赤条条地以内核见人。需要说明一下，恒星的结构大致可以分成两个主要部分：里面的内核和外面的包层。对于正常的恒星而言，内核是正在进行着剧烈的热核反应（也就是氢聚变成氦的过程）的部分。

裸露的内核展现出三个显著特征。

第一个特征是半径显著小于正常恒星。那当然啦，它的外壳已经没有了，只有一个核。就如同桃的果肉被吃掉了，只剩下桃核，当然小了。

第二个特征是温度要高很多。你想，可以直接看到氢弹内部，温度当然非常高。

第三个特征是除了氢以外，还有数目可观的氦。这样的恒星就被称为"热亚矮星"。

在有的双星系统中，一颗主星是演化到恒星生命晚期的红巨星，它的伴星是一颗白矮星。在这样的系统中，红巨星会吹出强烈的星风，即主要由氢原子或离子组成的粒子流。白矮星就像绕着红巨星转的吸尘器一样，不停地捕获这些星风粒子（图8）。

有的时候红巨星太"胖"了，达到了"洛希"半径，因此会有物质从拉格朗日点流向白矮星。被吸引过来的粒子会在白矮星周围形成一个新的大气层，其上的温度偶尔会达到数千万摄氏度，因此引发了短时的核聚变反应，就像引燃了很多氢弹一样。

从远处看，这样的双星系统就好像突然间变亮几万倍，这种现象被称为"新星"。由于核反应是发生在白矮星表面上的，因此非常不稳定，所以在变亮

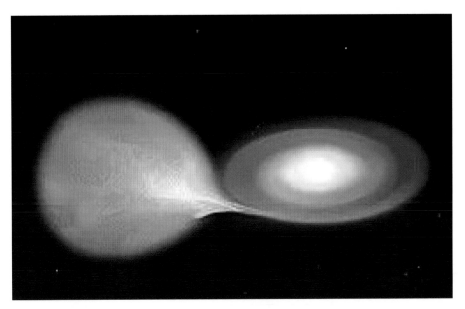

图 8　一颗白矮星正在从红巨星伴星吸积物质的艺术想象图
©NASA/CXC/M.Weiss

之后，新星会很快暗淡下去，就好像"消失"了一般。这样的过程在一个双星系统里面可能会反复发生，从而形成"再生新星"的现象。

一千零一夜的双星故事

我们继续聊聊双星不一样的爱情归宿。

我们在上一节中说到了新星，比新星更亮的是超新星。天文学家现在已经知道，至少有一类超新星（叫作 Ia 型超新星）也是双星演化的结果之一。Ia 型超新星通常被认为有两个来源，一个是由一颗白矮星与主序星 / 红巨星形成的单简并模型，另一个是由两颗白矮星双星组成的双简并模型。

在拥有一颗白矮星的双星系统中，白矮星有时会从它的伴星处"偷"来额外的物质。上文讲到，这些物质聚集在白矮星表面，有时能触发短暂的核反应而形成新星。当白矮星加上吸积的物质达到质量上限后，支撑白矮星抵抗引力的电子简并压力再也无法继续支撑，整个白矮星会迅速被引力压垮，从而产生剧烈的爆炸，形成一颗 Ia 型超新星。

由两颗白矮星组成的双星系统，在轨道越来越近后会发生并合，也能引起类似的超新星爆发。

Ia 型超新星在宇宙学研究中至关重要，因为它爆发的亮度大体不变，这样一来，距离近的就亮，距离远的就暗，所以可以用这个特性来测量遥远星系的距离。正是通过使用 Ia 型超新星的测距结果，索尔·珀尔马特（Saul Perlmutter）、布赖恩·施密特（Brian Schimdt）和亚当·里斯（Adam Riess）等人在 1998 年分别发现了宇宙正在加速膨胀，并因此获得了 2011 年的诺贝尔物理学奖。

不要忘了，这么重要的 Ia 超新星背后，竟然是双星系统中两个恒星"情侣"之间因爱而自我毁灭的悲剧故事。

白矮星吃掉了"情侣"的身体而自我毁灭，它的"情侣"恒星在它爆炸时或许还有一丝呼吸，剩下一个裸露的内核。

这个半死的"情侣"也不是一无所得。如果机缘巧合，它会因白矮星瞬间灰飞烟灭而获得巨大的动量，像高速旋转中铁链断掉的链球一样，飞离它的家园，这样就形成了一颗超高速飞行的恒星，即超高速星（图 9），这个速度有的时候非常快，甚至摆脱了银河系的引力束缚，最终飞向了遥远、黑暗的星系际空间，再也不会返回。

另一类超高速星的故事不仅悲伤，还具有恐怖电影的特质。两颗恩爱的"情侣"恒星正在银河系绚丽的中心嬉戏、散步，一不留神，触到了躲在暗处静候食物送上门的中心超大质量黑洞。

送到嘴边的食物哪有不吃的道理。于是超大质量黑洞舞动它巨大的引力，迅速吞噬掉双星中的一颗，另一颗则因为失去伴侣而获得了额外的动量，形成了另一类超高速星，最终也被甩出银河系。怎么样，这情节和电影《巨齿鲨》有得一拼吧？

正如列夫·托尔斯泰在《安娜·卡列尼娜》中所说的："幸福的家庭有同样

图 9　由于超新星爆炸而被抛出星系的超高速星艺术想象图
©ESA/Hubble, NASA, S. Geier

的幸福，而不幸的家庭则各有各的不幸。"对于恒星来说，单星都有同样的故事，而双星则各有各的故事，讲上一千零一夜也讲不完。

天文学家是如何"八卦"恒星的离婚率的

刘超

在浪漫的七夕，天上的牛郎星和织女星含情脉脉，遥遥相对。与它们相比而言，宇宙中许多恒星是非常幸福的，因为它们旁边就有一个恒星伴侣。正如我们在前文中看到的，包括了两颗惺惺相惜、相互绕转的恒星的系统被称为双星系统（图1）。天文学家普遍认为，大约有一半的恒星处于双星系统中。我们还可以继续"八卦"下去：这样的恒星伴侣有多少白头终老，又有多少劳燕分飞了呢？

图1　双星系统示意图
©Reevesastronomy at English Wikipedia

这些问题看似夸张，但对于天文学家而言可是举足轻重的，因为它们不仅仅是这些"小两口"的家务事，还是真真切切关系到宇宙演化的大事情。所谓家事就是天下事。

为什么这么说？咱们来举几个例子。第一个例子是，2017年诺贝尔物理学奖被授予引力波的发现者。迄今为止，人类探测到的所有引力波事件都是大质量的双星系统死亡时搞出来的大事件（图 2）。如果我们不清楚宇宙中有多少这样的恒星家庭，就无法知道人类探测到的引力波事件的统计意义在哪里。

图 2　扫描二维码观看双星系统绕质心运动的示意图，在相对论力学下，引力辐射会造成轨道的缓慢收缩
©Zhatt

　　第二个例子是，2011 年诺贝尔物理学奖被颁发给发现宇宙加速膨胀的两个研究团队。他们不约而同地使用一类特殊的超新星——Ia 型超新星来研究宇宙的膨胀速度。而 Ia 型超新星正是由双星系统（一般认为其中至少有一颗白矮星）并合产生的大爆炸（图 3）。然而，天文学家们从理论上还无法预测一个星系里面到底能够产生多少这样的超新星。

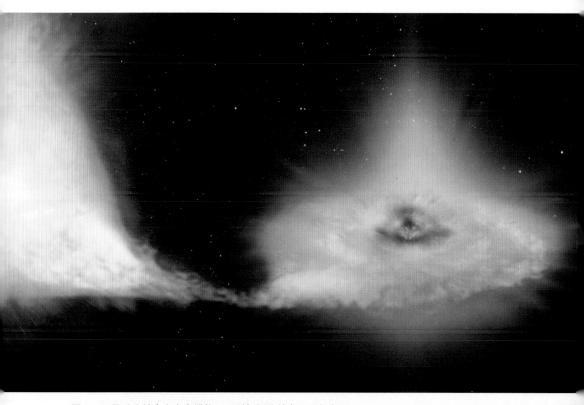

图 3　双星系统并合产生大爆炸，Ia 型超新星前身双星想象图
©ESA/ATG medialab/C. Carreau

　　还有第三个例子。我们知道，这 20 多年以来，天文学家已经发现了数千颗太阳系以外的行星，其中有一些非常适合生命的产生。那么问题来了，为什么有些恒星有伴侣恒星，有些是"单身"，还有一些却是行星的伴侣呢？

　　虽然双星的研究在整个天文学领域大多非常低调，但在行内看来，这个问题非常重要，上可联系宇宙的存续，下可探究生命的起源，是不可不查的重要课题。

　　双星的观测研究是现代天文学中比较古老的课题，自从有了天文望远镜，天文学家就已经注意到了有很多恒星成对出现的这一现象。然而双星的理论研究还处于初级阶段。理论家提出了两种双星形成的理论（图 4）：一种认为恒星诞生于气体云核之中，云核分裂形成双星；另一种认为原恒星形成后，围绕在它周围的气体盘因动力学不稳定而分裂形成第二颗伴星。但是这两种理论都缺少直接观测证据的支持，很多理论细节还有待商榷。

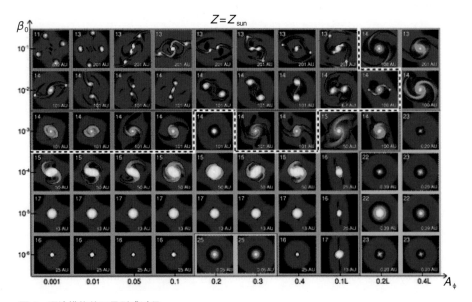

图 4　理论模拟的双星形成过程

©Masahiro N. Machida, Kazuyuki Omukai, Tomoaki Matsumoto, Shu-ichiro Inutsuka, *Monthly Notices of the Royal Astronomical Society*, Volume 399, Issue 3, November 2009, Pages 1255–1263

此外，双星诞生以后并不会一成不变，它们可能会并合形成一颗质量更大的恒星，也可能会相互交换质量而改变它们的质量比，还可能会有"第三者"的介入——第三颗恒星从旁边经过而产生引力扰动，导致一对双星分离开来，形同陌路。在恒星密集的环境中（例如星团内），两颗单身恒星还有可能邂逅并一见钟情，组成一个新的双星家庭。

夜空中的绝大多数恒星被称为场星，即没有凝聚成团的、分散在星系中的恒星。在这些最普通的恒星中，上面列出的这些演化情形还鲜有观测证实。

最近，我们对我国 LAMOST 光谱巡天项目观测的 50 000 多颗主序星（处于成年时期的恒星）中的双星开展了统计研究。我们惊讶地发现，场星中的一些双星在它们诞生的早期就已经分道扬镳了，换句话说，场星中很多双星没有熬过"七年之痒"，就早早地"离婚"了。而另一些双星则始终坚守在一起，直到今天。

场星中的主序星处于成年状态，恒星的大小非常稳定，双星中的伴星与主星通常保持着安全距离，不会很快撞到一块。场星中的恒星密度也非常低，哪怕在上百亿年里，一颗恒星也很难遇到另一颗恒星从身旁掠过。这就像身居孤岛上的一对伴侣，一辈子也没见到过别人，当然就不存在"第三者"了。所以，场星中的双星一旦生成，按说在上百亿年里是很难发生"离婚"事件的。

但是我们发现，一方面，一些恒星质量较小的星族中双星比例较低，成员星的间距较小，同时双星中两颗成员星质量差不多的情况较多。另一方面，恒星质量较大的星族中双星比例比较高，成员星的间距有大有小，两颗成员星质量比的分布也比较均匀。如何解释这一奇异的分化现象呢？

原来，所有的场星在诞生之初都是存在于星团中的。也就是说，恒星就像兔子一样，都是"一窝一窝"形成的，小的星团有几百颗恒星，大的星团可以有几万颗恒星。出于某种未知原因，绝大多数年轻的星团（图 5）会在数百万到数千万年里瓦解，其中的成员星最终变成了相互距离很远的场星。只有极少数星团存活到今天。

这项新的研究推测，很多"意志不够坚定"的双星就在这短短的几百万年"社群"生活中被频繁出现的"第三者"的引力拆散了。"第三者"恒星的扰动并不是每一次都会导致双星"离婚"，只有一些特定的双星才容易被"蛊惑"，例如主星质量较小的双星、两颗成员星的质量相差比较大的双星，以及相互距离比较遥远的双星。这些系统的共同特点是维系双星的引力束缚能较低。当然，这样的"家庭"也就更加脆弱。

尽管今天对场星的观测已经无法直接看到这些双星"家庭"破裂时的悲剧，但是我们仍然能够从坚守下来的双星"家庭"中窥探到剧烈演变所留下的深刻印记。由于引力扰动会破坏那些主星质量较小的双星系统，因此今天我们就会在场星中看到，质量小的双星比例明显小于质量大的双星比例。又因为质量相差比较大的双星束缚能也比较低，所以双星比例较低的小质量恒星星族中存留下来的都是两颗成员星质量比相差不大的双星。那些相距较远的双星系统也容易被瓦解，所以我们今天看到的小质量双星间距普遍较小。大自然残酷地淘汰了很多束缚能较低的双星，我们到今天还能看到的双星系统就主要是束缚能较高的那一类了。

图 5　刚刚形成的年轻星团
©ESO/G. Beccari

　　这一发现使人们首次认识到，今天看到的场星双星已不是原初的状态，而是被残酷的大自然筛选过的结果。这个信息对于研究双星自身的演化和宇宙的演化都是至关重要的。

　　在人类社会中，在坚定地抵抗住初期的各种诱惑后，婚姻通常可以维持很久，看来在恒星世界中也是如此。

聆听五音俱全的引力波宇宙

陆由俊，郭潇

时空的交响乐

1915 年，阿尔伯特·爱因斯坦提出了著名的广义相对论，出人意料地以弯曲的时空来解释万有引力现象。这一革命性的时空引力理论带来了神奇的黑洞和宇宙大爆炸等诸多预言，并在随后的漫长岁月中一次又一次地为实验和观测所证实，获得了空前的成功。

爱因斯坦认为，时空未必如我们通常感知的一样是平直的，也可以像一个苹果的表面那样弯曲。时空因受物质影响而弯曲，弯曲的时空则告诉物质如何在其中运动。

这就好比一个胖小孩站在蹦床上玩耍，蹦床会深陷下去，而他附近的小孩只能在陷下去的蹦床上跟跄地走着。孩子们自以为走的是"直线"，但在旁观者看来，他们实际上仿佛都在绕着胖小孩转。

既然时空可以像蹦床一样发生形变，那么当时空的形变像波一样传到远处时，这种波就是引力波。这就像物体在空气中的振动会产生声音，引力波这种人耳听不见的"声音"往往也是由物体在时空中的"振动"产生的，比如双星的绕转。

通常而言，不一定非得是振动才能产生引力波，物体或物体系统在加速度不为零且做非完全对称的运动或形变时，就能辐射引力波。于是，在风中摇曳的树枝、在终点线前冲刺的运动员、在空中花样翻滚的战斗机，都在产生着引力波的"声音"，只是这些"声音"都太微弱了，人们完全感受不到。

我们不妨举一些直观的例子。比如，偌大的地球绕着太阳公转，但它辐射的引力波的功率不过 200 瓦，而地球上的物体产生的引力波的功率更是小到难以想象。然而，在茫茫宇宙中，有着无数比太阳质量更大、更致密的天体和系统，它们的并合是宇宙中最强烈的引力波发射源，其中一些引力波辐射的功率甚至会超过可观测宇宙中任何其他天体的电磁辐射功率的总和。因此，我们更有可能"聆听"到来自宇宙中的大质量致密天体或宇宙自身产生的引力波的"声音"。

在浩瀚的宇宙中，到处都是白矮星、中子星和黑洞这样的致密天体，它们有独自跳芭蕾舞的，有成双成对跳华尔兹的——甚至有跳到最后两者开心地融为一体的，还有形成中子星和黑洞时突然发生的超新星爆炸过程。在这些过程中，它们都发出了强烈的引力波辐射的"声音"（图 1）。

图 1 引力波之梦：宇宙中到处是形形色色的引力波源，发出各种各样的引力波
©Henze, NASA

宇宙中这些五花八门的"乐手"制造出形形色色的"声音"，向宇宙的每个角落宣告它们的精彩演出和传奇故事。这些声音里有低沉的"大提琴"，有高亢的"小号"，有激昂的"大鼓"，还有啁啾的"鸟鸣"，这些"黄钟大吕"相互交织，谱成一首波澜壮阔的宇宙引力波交响乐。让我们来仔细看一看这首引力波交响乐里主要有哪几种"声音"。

一般而言，我们可以把引力波的"声音"分为四种。

1. 连续的引力波。它的频率基本不变，好比管弦乐器产生的悠扬悦耳的乐音。连续引力波信号的振幅不会衰减。

2. "啁啾"的引力波。它是一段频率不断升高的"声音"，就好像鸟鸣声，可以想象一辆汽车在加速向你驶来时的发动机的声音。当双星绕转的间距因引力波辐射快速缩小时，它发射的就是此种类型的信号。

3. 引力波暴。它好比鼓手重重地一锤打下去的声音，或看琴师用力过猛把琴弦一下扯断的声音。

4. 宇宙"随机"引力波背景。这里的"随机"其实不是完全随机的，而是由于宇宙中的引力波"交响乐"没有统一的指挥，当每位"乐手"都自顾自地弹弄自己的"乐器"，而我们又离它们太远，不能分辨出每个"乐器"的"声音"时，这些"声音"叠加在一起就形成了看似随机的背景噪声。

另外，就像交响乐有高音声部和低音声部一样，引力波也有各种各样的频率，不同的频率对应着不同的音高。引力波的交响乐可以大致被分为高频、中频、低频、甚低频、极低频这五个"声部"。由于不同"声部"之间差距悬殊，因此对于不同的"声部"，我们还需要使用不同的"耳朵"来聆听这些不同频率的"声音"。

在后文中，我们还将分别介绍这些不同种类的"听天巨耳"。地上和空间中的各种类型的电磁波望远镜，已经使得人类能够穿过迷雾，看到宇宙中的各个光明之处，不过，我们还是无法看到那些"暗黑"场所中发生的惊天事件。幸好，这些新兴的"听天巨耳"使得我们在"目明"之外更加"耳聪"。通过它们，我们将会探听到一个"五音俱全"的引力波，穿透时空，直至宇宙的创生时刻。

地基引力波探测

倾听宇宙之音的"耳朵"，首先是从地面上被建起来的，我们称之为地基引力波探测器。地基引力波探测器主要有两类：共振质量引力波探测器和地基激光干涉仪引力波探测器。

共振质量引力波探测器就是利用了共振的原理。你可以想象远处有一口大钟，它被撞了一下，开始产生声波，它好比是引力波源。你家里刚好也有一口钟，它好比是共振质量引力波探测器，假如它的固有频率跟这一声波的频率相近，那么在声波的不停驱动下，你自家的钟开始共振或共鸣。你通过测量自家钟的振动，就可以探测这一"声音"，也就是引力波。

我们从中也可以看出共振质量引力波探测器的一大缺点——它只对其共振频率附近的引力波比较敏感。而干涉仪则对很大频率范围内的引力波很敏感，我们后面还会提到。

美国马里兰大学的约瑟夫·韦伯（Joseph Weber）教授是引力波实验探测的先驱。韦伯率先制作了四台棒状的共振质量引力波探测器。通过排除种种干扰噪声，他于 1969 年宣布自己的探测器探测到了引力波信号。紧接着，当时的苏联、美国、英国、德国和日本等许多国家都开始建造类似的棒状探测器，希望也能来"窥探"一下来自宇宙的"声音"。很不幸的是，没有人能够重复韦伯的实验结果。于是，人们开始质疑他的数据分析得不对。就连包括斯蒂芬·霍金（Stephen Hawking）和基普·索恩（Kip Thorne）在内的理论家也对韦伯的结果产生质疑，认为韦伯宣称的探测信号强度远远超过任何天体可能发出的引力波强度，不可能是正确的。

韦伯试图向世界证明，引力波是可以被探测到的。尽管韦伯失败了，但是他播下的引力波探测的种子开始生根发芽，成长壮大，可谓引力波探测的"星星之火"。世界各国的引力波探测器建设也随之遍地开花，其中就包括我国中山大学自己建立的引力波探测器。

由于棒状探测器具有局限性，因此为了真正能"听到"引力波微弱"声音"，还需要靠异常灵敏的干涉仪。干涉仪根据不同原理分为许多种，比如激光干涉仪和原子干涉仪等。

大部分地基探测器是激光干涉仪，主要包括在 2015 年最先真正直接探测到引力波信号的美国激光干涉引力波天文台（简称 LIGO，图 2）、欧洲的室女座激光干涉引力波天文台（简称 VIRGO）、日本的神冈引力波探测器（简称 KAGRA）和将要在印度兴建的 LIGO-India，等等。它们都是 L 型的干涉仪，激光从中间发出，被一分为二，沿着两条几千米长的等长干涉臂，被反射多次后又重新汇聚到一起相互干涉，干涉后信号可能相互增强，也可能相互抵消，干涉后信号的强弱可以被光子探测器观测到。

图 2 位于美国列温斯顿的激光干涉引力波天文台
©LIGO

由于光的波长很短，只有几百纳米，因此干涉臂的臂长哪怕只是发生了极其微小的变化，也能被探测器检测到。当发自宇宙深处某一波源的引力波信号跨过时空，抵达地球经过干涉仪时，两条干涉臂的臂长会发生微弱但并不相同的变化，这就导致干涉后的信号的强弱随时间变化。通过测量这个变化，就能够捕捉到引力波信号的波形和大致的方向。

LIGO 正是通过这种方法在人类历史上首次捕捉到引力波的。这一引力波信号发自 13 亿光年外的一对质量分别为 36 倍太阳质量和 29 倍太阳质量的黑洞碰撞和并合。

美国激光干涉引力波天文台和欧洲室女座激光干涉引力波天文台的灵敏度可以达到约 10^{-22} [1]，它们在 2015 至 2020 年的前三期观测中已经确认至少探测到 83 例双黑洞并合事件、2 例双中子星并合事件，以及 3 例中子星 - 黑洞双星并合事件（图 3）。特别值得指出的是，2017 年 8 月 17 日探测到的双中子星并合事件，是第一次同时有引力波和电磁波多信使观测的里程碑事件，它开启了多信使观测天文学研究的新时代。

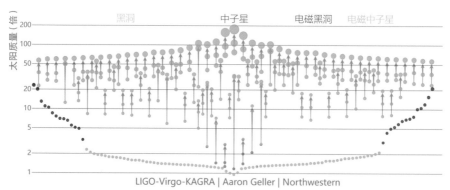

图 3　蓝色的圆代表引力波探测到的黑洞，橙色的圆代表引力波探测到的中子星，一半橙色、一半蓝色的圆表示不确定是中子星还是黑洞，红色和黄色的圆分别代表电磁波探测到的黑洞和中子星。纵坐标代表它们的质量是太阳质量的多少倍
©LIGO

---

[1]　即引力波使激光干涉臂长度发生了 10^{-22} 的改变。

人们相信，在未来几年，地基引力波天文台会探测到成百上千的双黑洞、双中子星、黑洞－中子星并合引力波事件，由此带来对这些天体和系统的形成、演化的深刻理解。

未来还会建造灵敏度更高的下一代地基引力波探测器，包括欧洲的爱因斯坦望远镜（Einstein Telescope，简称 ET）和美国的宇宙勘探者（Cosmic Explorer，简称 CE）。爱因斯坦望远镜的臂长达到 10 千米，整体是三角形结构的激光干涉仪，它将被放置于地下坑道中，以避免地面振动的干扰。而宇宙勘探者则是类似于 LIGO 的"L"型干涉仪，但它的臂长是 40 千米，尺度相当于一个大型城市。它们都对 10~1000Hz 的高频引力波十分敏感，这段频率也恰好是声频的一部分。另外，爱因斯坦望远镜对 1~10Hz 的引力波也有比较好的探测能力。第三代探测器能够"听"得很远，甚至能"听"到在恒星形成之前的"宇宙黑暗时代"的"声音"。

地基的这些探测器可以"听"到很多引力波源：不仅包括前面提及的恒星级质量的双黑洞、双中子星、中子星－黑洞双星并合产生的引力波，还包括不对称的中子星的旋转产生的连续引力波、超新星爆发产生的引力波，以及无数双星旋近并合所形成的引力波背景，等等。它们对引力波信号的精准探测可以被用来检验黑洞理论、广义相对论以及其他引力理论，结合电磁波段的多信使观测有望解决中子星的状态方程疑难、超新星如何爆炸等天文或物理的重大问题。一些波源还可以作为标准汽笛，通过引力波对其距离的独立测量和电磁波对红移的测定，来探测宇宙本身的演化，以及测定宇宙中包括暗物质和暗能量在内的不同物质组分。

此外，还有基于原子干涉仪的引力波探测器，比如法国的物质波激光干涉引力天线（MIGA），以及中国计划建设的沼山长基线原子干涉引力天线（ZAIGA），它们都结合了激光干涉与原子的物质波干涉，旨在探测 0.1~10Hz 的中频引力波，这个频段可以探测到一类比较重要的源，也就是中等质量的双黑洞。中等质量黑洞是超大质量黑洞的种子，它们的存在一直缺乏天文观测的确切证据，但具备重要的理论意义，中频引力波的探测有望弥补这一缺陷。

空间引力波探测

想要听更低频的"声音"，光靠地面上的"耳朵"是远远不够的，于是人们想到把激光干涉仪发射到天上去，天上的噪声会更少一些，尺度也可以做得更大。

计划中的天基引力波探测器主要有欧洲空间局主导的激光干涉空间天线（简称 LISA，图4）、日本的分赫兹干涉引力波天文台（简称 DECIGO 和 B-DECIGO）、欧洲的"大爆炸观测者"（Big Bang Observer，简称 BBO）和先进激光干涉天线（简称 ALIA），以及中国的"太极"计划和"天琴"计划，等等。

图4 LISA 艺术想象图
©NASA

其中，ALIA、DECIGO（B-DECIGO）和 BBO 的臂长较短，探测的频率范围可以覆盖 0.1~10Hz 的中频波段，能填补 LISA 与 LIGO 灵敏波段之间的间隙。其余探测器的灵敏波段与 LISA 类似，主要为 10^{-4}~1Hz 的低频波段。

天基干涉仪的结构都基本类似，它们一般由三颗卫星组成一个稳定的等边三角形编队，沿着测地线轨道飞行，三颗卫星两两之间都会向对方发射激光，并接收对方发射过来的激光，然后它们之间相互干涉，组成一架三角形的干涉仪。不同探测器的飞行轨道与干涉仪的边长会有所不同。当引力波经过干涉仪时，干涉仪的臂长发生变化，干涉仪能精确地测量出这一变化，据此可以探测到引力波。

除"天琴"外，这些探测器都运行在与地球类似的太阳轨道上。"太极"的边长最长，是 300 万千米；LISA 的边长是 250 万千米；ALIA 的边长是 50 万千米；BBO 的边长是 5 万千米；DECIGO 的边长则只有 1000 千米；"天琴"的卫星运行在 10 万千米高的地球轨道上，边长约 17 万千米。

"LISA 探路者"于 2015 年发射，并获得了极大的成功。中国的"太极"计划的"太极一号"卫星和"天琴"计划的"天琴一号"卫星均于 2019 年发射升空，成功地验证了多项空间引力波探测相关技术。这些先期验证实验的成功极大地增进了大家对空间引力波探测的信心。

天基引力波探测器可以探测恒星级质量的致密双星（包括黑洞、中子星、白矮星以及它们的两两组合）的旋近、双白矮星的并合、大质量（万至千万倍太阳质量）双黑洞的并合、极端/中等质量比旋进（通常是一个恒星级致密天体绕着一个大质量黑洞的旋进）、宇宙中可能存在的中等质量（千至万倍太阳质量）双黑洞，以及前面这些源的信号混叠形成的引力波背景。

由于天基引力波探测器在致密双星并合之前很早的旋近阶段就可以探测到它们，因此结合多个波段的引力波探测，有望对致密双星并合信号进行提前预警，预测它们会在何时并合，从而让地基探测器以及电磁波望远镜提前做好准备，有的放矢地探测。同时，结合多波段、多信使观测，让我们能获知波源天体更全面的信息。

对超大质量双黑洞并合的探测可以帮助我们理解它们的形成与演化，以及它们与星系演化之间的协同关系；极端质量比旋进可探测的旋转周期数多，可以帮助精确测量黑洞的度规、检验黑洞理论、验证广义相对论和甄别替代的引力理论，甚至是发现超越广义相对论的时空引力理论等。

脉冲星计时阵引力波探测

除了人造的"耳朵"之外，我们还可以利用宇宙中天然的引力波探测器——脉冲星计时阵（pulsar timing array，简称 PTA，图 5）来"听"10^{-9}~10^{-6}Hz 的甚低频引力波。

脉冲星（图 6）是快速旋转的中子星，同时它们还带有较强的偶极磁场（类似于地球磁场），沿着磁轴方向，或者说磁场的两极方向（好比地球磁场的两极）会产生射电辐射。

一般而言，脉冲星的磁轴与自转轴是不重合的，随着脉冲星的自转，它产生的射电辐射束有可能扫过地球。每当射电辐射束扫过地球时，地球上的射电望远镜就会收到一个射电脉冲。在没有任何噪声或干扰的理想情况下，射电望远镜会接收到一系列间隔相等的脉冲。

周期约为毫秒级的脉冲星称为毫秒脉冲星，其脉冲周期相当稳定，几乎是宇宙中最稳定的天然时钟，周期变化率仅为 10^{-20} 量级，完全可以忽略不计。因此它们产生的脉冲信号的到达时间也是可以被准确预测的。

引力波在从毫秒脉冲星与地球之间穿过时，会使地球与脉冲星之间的距离发生微小的变化，从脉冲星传播至地球的脉冲到达时间也因此会发生细微的变化。通过观测脉冲到达时间的变化，我们就能探测引力波信号。同时监测很多颗稳定的毫秒脉冲星的脉冲到达时间及其变化，就可以准确地测量引力波，这就是所谓的脉冲星计时阵探测引力波。

当然，引起脉冲到达时间变化的原因可能不只是引力波，还有许多噪声会影响脉冲的到达时间。不过，所幸不同的噪声对不同的脉冲星影响不同。比如，有的噪声只存在于部分脉冲星的信号里，有的噪声在不同脉冲星信号里遵循一

图 5　PTA 艺术想象图
©David Champion/NASA/JPL

图 6　脉冲星艺术想象图
©NASA/JPL–Caltech

定的变化规律，而引力波信号则会以特定的模式影响到每一颗脉冲星的脉冲信号到达时间。因此，我们需要长期监测多颗脉冲星信号的到达时间，来鉴别哪些是噪声，哪些是真正的信号。这些脉冲星就形成了一个阵列，称为"脉冲星计时阵"，它的"臂长"可以达到几千至几万光年，用于探测甚低频引力波。

这里值得重点指出的是，"脉冲星计时阵"中的"阵"指的是脉冲星的阵列，并非射电望远镜阵列。原则上来讲，哪怕有一台像"天眼"（FAST）这样大口径、高灵敏度的射电望远镜对多颗脉冲星进行监测，就可以进行脉冲星计时阵测量。不过从实际观测上讲，当然是大口径的射电望远镜越多越好，这样不仅能同时监测多颗脉冲星，也能补充其他望远镜观测不到的脉冲星。

现在，国际上的 PTA 有澳大利亚的帕克斯脉冲星计时阵（PPTA）、欧洲脉冲星计时阵（EPTA）、北美纳赫兹引力波天文台（NANOGrav）、印度脉冲星计时阵（InPTA）。前三个 PTA 观测了十多年，目前虽还没有探测到确凿的引力波信号，但已限制了引力波背景信号应不显著大于 10^{-15} 量级，并发现了量级大约为 2×10^{-15} 的疑似引力波信号。为了更加充分地利用数据，提高灵敏度，四大脉冲星计时阵列的数据被结合到一起，形成了国际脉冲星计时阵（IPTA）。

我国的"天眼"结合其他 40~60 米射电望远镜，已经成立了中国脉冲星计时阵（CPTA）。未来将要建设的新疆奇台 110 米口径的射电望远镜等，也将脉冲星计时阵探测引力波作为它们的主要科学目标。另外，低频引力波探测也是我国参与的国际平方千米阵（SKA）的主要科学目标之一。

PTA 可以用来探测星系中心的超大质量双黑洞旋近产生的连续引力波信号、来自宇宙中无数超大质量双黑洞的引力波混叠形成的随机背景信号，以及宇宙早期相变中的拓扑缺陷信号等。拓扑缺陷会产生宇宙弦，宇宙弦就好比是宇宙中的"琴弦"，"琴弦"断裂会产生较强的引力波。

有趣的一点是，PTA 还可以探测引力波的"记忆效应"。通常，在双黑洞并合后，引力波的应变降为零，也就消失了。但"记忆效应"指的是，在双黑洞并合后，引力波信号虽然恢复平静，其值却不为零。

宇宙微波背景辐射实验探测原初引力波

频率低于 10^{-14}Hz 的极低频引力波，几乎只有来自早期宇宙的原初引力波。这种引力波来自宇宙早期暴胀过程中由量子物理产生的张量扰动。

原则上来讲，宇宙的原初引力波其实分布在各个频段。但是较高频段的引力波的能量密度太低，计划中的空间引力波探测器直接探测到原初引力波的希望不大，但可能会获得上限。因为在极低频段，原初引力波的能量密度相对较高，所以目前人们对原初引力波的探测主要是从极低频着手的，也就是从宇宙微波背景辐射的偏振中寻找它的踪迹。

宇宙微波背景辐射是宇宙早期遗留下来的热辐射，随着宇宙的膨胀，波长不断变长，至今已经红移到了微波波段。背景辐射光子与电子的散射是产生背景辐射偏振的主要原因。

宇宙微波背景辐射的偏振可以分解为两种模式，一种叫作 E 模，另一种叫作 B 模。E 模偏振是没有涡旋的，好比静电场一样；而 B 模偏振是有涡旋的，就好比静磁场一样（图 7）。不过，在基本均匀的背景辐射光子中，要产生 B 模

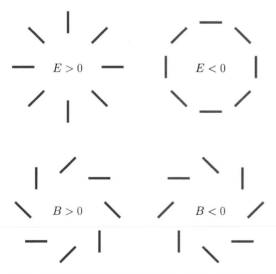

图 7　宇宙微波背景辐射的 E 模（第一行）与 B 模（第二行）偏振示意图。E 模具有类似静电场的特点，没有涡旋；B 模具有类似于静磁场的特点，有涡旋（左旋或者右旋）。E 模与 B 模的偏振方向恰好相差 45°

图源：作者供图

偏振，仅有光子与电子的散射是不够的，还要求被散射的光必须是各向异性的，带有非零的四极矩。当原初引力波经过电子时，电子附近的时空发生变形，入射光就能产生非零的四极矩，被散射后的宇宙微波背景辐射光子就能拥有 B 模偏振了。

从宇宙微波背景辐射的偏振测量中寻找原初引力波的实验主要有空间的普朗克卫星实验、宇宙泛星系偏振背景成像（简称 BICEP）实验等。

这里还有一个有趣的故事，美国的 BICEP 团队曾经于 2014 年宣布探测到了宇宙早期的原初引力波所形成的 B 模偏振，于是以为自己率先探测到了"引力波"。可是没过多久，等普朗克卫星观测的宇宙微波背景辐射的数据发布之后，人们发现 BICEP 团队探测到的信号很可能是银河系尘埃辐射造成的偏振，空欢喜了一场。

我国也提出了自己的"阿里计划"来探测原初引力波，选址位于西藏阿里天文台。研究表明，西藏阿里很可能是目前北半球最佳的宇宙微波背景辐射观测台址。目前"阿里计划"正在开展观测，有望获得北半球宇宙微波背景辐射的 B 模偏振观测和限制。

原初引力波的探测可以帮助人们找到更准确的宇宙学模型，特别是描述宇宙早期阶段的暴胀模型，可以深化人们对宇宙的创生和大尺度结构种子形成的理解，并为回答"宇宙从哪里来"这一宏大问题提供新的数据支持。

除了我们前面介绍的常见的多个波段的引力波探测外，人们还提出利用类星体的天体测量学探测超低频的引力波，用波导、小型激光干涉仪等探测甚高频的引力波，还有人提出一系列宏伟的引力波探测计划，建造更加庞大、更加灵敏的"耳朵"，比如将航天器发射到木星绕太阳运动的轨道上，甚至是更远的位置，编队组成引力波探测器。一旦将这些组合起来，人类就几乎有能力实现覆盖引力波全波段的探测。

以前我们只能通过电磁波"看"五彩斑斓的宇宙，直到最近才能通过引力波来"听"这个五音俱全的时空。我们完全有理由相信，在不远的将来，引力波探测也会迎来像今日的电磁波探测一样常态化的繁荣景象。

　　我们会发现，自从宇宙创生的初啼起，经过基本粒子的形成、第一代恒星和黑洞的产生、星系及其中心超大质量黑洞的形成和演化，直至今日，宇宙中无时无刻不在上演着激动人心的引力波"交响乐"。我们的"听天巨耳"对引力波的侦听将会无远弗届，同时巨细靡遗，我们对宇宙本质的认识必将会发生质的飞跃。

暗物质与人类

李楠

什么是暗物质？其实，这是人们为了解释观测与理论为何不匹配而提出的一个理论假设。

在大量的天文学观测中，绝大部分看上去与现有引力理论相悖的现象，在假设了暗物质存在之后，就能得到合理的解释了。目前，天文学观测和地面物理实验表明，暗物质的基本性质仅参与宇宙中的引力相互作用，而不参与（或极其有限地参与）除引力作用之外的其他相互作用。简单来说，暗物质是一种我们可以通过引力感受到，却几乎无法用电磁波直接探测到的物质。

这么说，暗物质岂不是"无中生有"了？并非如此。现代天文学通过天体的动力学、引力透镜效应、微波背景辐射等观测结果证明，暗物质大量存在于星系、星系团和宇宙的大尺度结构中（图1），其总质量竟然远大于宇宙中全部可见天体的总质量——目前的数据表明，宇宙中暗物质占全部物质总质量的85%，占宇宙总质能的26%。

最早提出"暗物质"可能存在的人是天文学家雅克布斯·卡普坦（Jacobus Kapteyn），他在1922年提出，通过研究天体系统的动力学性质，可以间接推断出星体周围可能存在不可见的物质。1933年，天体物理学家弗里茨·兹维基利用光谱红移测量了后发星系团中各个星系相对于星系团的运动速度。结合位力定理（virial theorem），兹维基发现，星系团中星系的速度弥散度远远高于理论预言，仅靠星系团中可见星系的质量产生的引力是无法将其束缚在星系团内的，因此，星系团中应该存在大量的不可见物质，即暗物质，而且其质量为可见星系的百倍以上。辛克莱·史密斯（Sinclair Smith）在1936年对室女星系团的观测也支持这一结论。不过，这一突破性的结论在当时未能引起学术界的重视。

图 1 宇宙学家们用超级计算机模拟的宇宙中暗物质分布图景，暗物质大量存在于星系、星系团和宇宙的大尺度结构中。其中亮度表征该处的暗物质密度，亮点为高密度区，星系和星系团将在这些高密度区中形成

图源：国家天文台，王乔

暗物质的观测证据

随着天文观测技术的进步，天文学家发现了越来越多暗物质存在的观测证据。在 1970 年，维拉·鲁宾（Vera Rubin）和肯特·福特（Kent Ford）利用高精度的光谱测量技术研究了仙女星系中恒星的旋转速度和距离的关系（图 2），他们探测到，远离星系核区域的外围星体绕星系旋转的速度和距离的关系表明：在相当大的范围内，星系外围的恒星旋转速度是恒定的，这与目前的引力理论根据可见物质所预言的星系旋转曲线无法吻合，这意味着星系中可能有大量的不可见物质，而且它们不仅仅分布在星系的核心区。暗物质存在的另一个著名证据来自对子弹星系团的观测。2004 年，马克西姆·马尔克维奇（Maxim Markevich）和道格拉斯·克劳（Douglas Clowe）发现该并合星系团的 X 射线中心和引力中心存在着明显的偏移（图 3），前者反映了星系团中的主要常规可见物质的并合行为，而后者则反映了星系团中全部物质的并合行为，两者的偏差表明星系团中存在大量的暗物质。

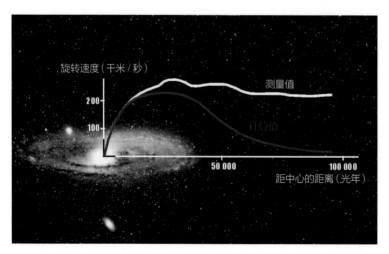

图 2 仙女星系中恒星的旋转速度随距离变化的曲线，红色曲线表示无暗物质假设的理论预言计算值，白色曲线表示测量值。两条曲线在远离星系中心时的偏差被认为是暗物质存在的关键证据之一

©Queens Uni

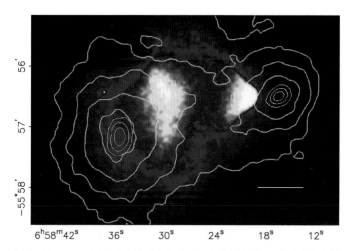

图3　并合星系团中的热气体分布和总质量分布对比图。中间的红蓝色区域代表着热气体的分布，高亮度表征高密度区域，绿色等高线描述并合星系团的总质量分布。并合星系团中热气体中心和引力中心不重合是暗物质存在的另一个关键证据

©D. Clowe, M Bradač, A. H. Gonzalez et al.

暗物质与人类的命运

了解暗物质的基本概念和历史后，你可能要问："我知道，暗物质很酷，暗物质是宇宙中最多的物质……可是，这和我的生活有什么关系呢？"这是一个非常好的问题。乍一看，暗物质也许和人们的日常生活没什么关系，但实际上，暗物质极有可能关系到人类最关心的两个问题：人类的起源和人类的结局。

暗物质决定了宇宙中星系的起源、形成与演化，也就是说，今天的银河系（太阳系所在的星系）诞生、成长的过程都受到暗物质的影响。天体物理学家们已经用数值模拟的方法研究了没有暗物质的宇宙中星系的形成和演化。在没有暗物质的宇宙中，自引力系统将难以形成。在这种情况下，银河系尺度的星系也许会难以形成，这就极大地降低了宜居星系的数目，类太阳系系统形成的概率从而会更低，进而宜居带内的类地行星也许都没有机会形成，就更不要说人类了。可以说，有了暗物质，才会有今天的我们。

　　暗物质可能导致人类灭绝，这种论调也许有些危言耸听，但是著名物理学家莉莎·兰道尔（Lisa Randall）在《暗物质与恐龙》一书中详细地探讨了暗物质导致恐龙灭绝的可能性和基本原理：太阳系在绕银河系中心运动的时候，会不断地穿入和穿出银河系中的暗物质结构，这一过程产生的潮汐力变化会提高太阳系外围奥尔特云中彗星的触发概率，在太阳系中产生更多的危险天体，因而大大地增加了星体撞击地球的概率。兰道尔博士认为，导致恐龙灭绝的彗星撞击就是上述效应造成的。如果在将来，暗物质导致彗星和地球相撞，那么这一次撞击将导致不亚于恐龙灭绝的生态灾难——也许，这真的会是我们的结局。

　　暗物质是当今物理学的最重要的热点问题之一。随着新的科学数据的出现，人们对它的研究将更加深入。从星系到整个宇宙学尺度，我们都有证据证明暗物质的存在，但是，我们能否找到它，并且弄清楚它的本质呢？这将是接下来几十年里，科学家们最主要的科学探索目标之一。让我们一起为研究暗物质可能开启的物理学新时代做好准备吧。

宇宙的终极命运

陈云

作为智慧生命，人类想知道万事万物源于何方，又将终于何处。宇宙的起源和终极命运自然也是人类一直关心的大命题。关于宇宙的起源，当前获得学术界广泛认可的是"宇宙大爆炸理论"。该理论认为，宇宙诞生于约 138 亿年前的大爆炸，也就是说，宇宙是由极度高温高密的奇点爆炸后形成的。然而，关于宇宙的终极命运，出现了多种理论假说。

谁是宇宙命运的主宰？为了弄清宇宙的终极命运究竟会如何，研究者首先需要厘清有哪些主要因素决定了宇宙的命运。从目前的研究结果来看，宇宙的几何结构（或者说宇宙的空间曲率）与暗能量的属性是决定宇宙最终归宿的两大主因。

宇宙的空间几何结构包括闭合、平直和开放这三种可能性，分别对应着空间曲率大于零、等于零和小于零——这三种情形可分别类比于二维空间里的球面、平面和双曲抛物面（也叫马鞍面，参见第二篇中"宇宙是什么形状的？"中的图 1）。

1998 年，科学家通过天文观测发现宇宙在加速膨胀。自此以后，人们陆续提出一大批理论方案，用于解释这一现象。其中的主流观点认为，宇宙中均匀弥漫着一种"负压"组分，它所产生的"负引力"或称"斥力"，克服了物质（包括普通物质和暗物质）所产生的引力，从而使宇宙加速膨胀。这种未知的力量被称为"暗能量"。暗能量的性质通常用它的状态方程（表示为压强与密度之比）来表达。

在不同的模型下，暗能量状态方程的解也会不同。在有些模型下，暗能量状态方程的解是不随时间变化的常数：

$$\omega = -1$$

然而，这个常数既可能等于 −1，也可能大于或小于 −1。在另一些模型下，暗能量的状态方程的解是随时间而变化的，也就是说，随着时间的推移，该状态方程的解可能由大于 −1 演变为小于 −1，也有可能由小于 −1 变为大于 −1。当暗能量的状态方程的解等于 −1 时，暗能量的密度是不随时间变化的常数；当暗能量的状态方程的解大于 −1 时，其密度会随着时间的推移而减小；当暗能量的状态方程的解小于 −1 时，其密度会随着时间的推移而增大。

暗能量密度的不同变化将把宇宙引向何种命运呢？

第一种命运可能是"大撕裂"（big rip，图 1 右）。大撕裂假说认为，如果暗能量的密度随着时间增加而增大，那么不管宇宙的空间结构是闭合、平直还是开放的，随着宇宙的不断膨胀，所有物质，甚至包括时空本身，最终都会被逐渐"撕碎"。如果暗能量属于状态方程的解小于 −1 的那种"幽灵暗能量"（phantom dark energy），那么它的密度会随着时间的推移而不断增大，从而导致宇宙膨胀的速度越来越快，最终会使宇宙中的所有物质都瓦解为不受束缚的基本粒子和辐射。

第二种命运可能是"大冻结"（big chill/big freeze，图 1 中），也被称为"热寂"（heat death）。这种假说认为，随着宇宙的膨胀，恒星形成所必需的材料——气体会变得越来越稀薄，最终将不足以支撑新恒星的形成。随着恒星形成停止，宇宙的温度将越来越低，并最终演化到一种热力学自由能[①]趋于 0 的状态，同时，宇宙温度也将趋近（但并未达到）绝对零度（零下 273.15℃）。

一看到"大冻结"这个词，我们脑海中可能会浮现出动画片《冰川时代》中的景象。不过，"大冻结"时期的温度可要远远低于地球上的"冰川时代"的温度。在暗能量的状态方程值等于 −1 的情况下，无论是在平直、开放还是闭合的宇宙空间结构下，都有可能发生"大冻结"。在平直或开放的宇宙中，无论暗能量的状态方程的解等于何值，"大冻结"都是宇宙可能面临的结局。

---

① 指一个热力学系统的能量中可以转化为对外做功的部分，即衡量热力学系统可对外输出的"有用能量"。

第三种命运可能就是"大挤压"（big crunch，图 1 左）。这一假说认为，在物质的引力作用下，宇宙的膨胀速度会不断变慢，并终将停止膨胀，继而发生坍缩。然而，在坍缩之后，宇宙又会发生什么？这一点尚不能确定。其中一种可能性是宇宙坍缩到其初始状态，并再次发生大爆炸，使得宇宙处于从"大爆炸"到"大挤压"再到"大爆炸"的循环状态。从目前的宇宙学观测来看，产生负压的暗能量是肯定存在的，而且其密度高于物质的密度，因此，宇宙的膨胀不会停止，而"大挤压"就不太可能发生了。

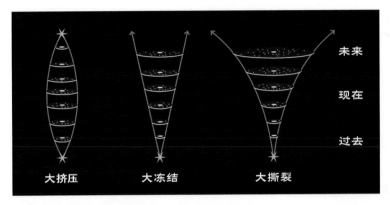

图 1 宇宙终结的三种可能方式

普朗克巡天望远镜的观测结果认为，在约 3 倍标准差的置信度上，宇宙的几何结构是一个闭合空间。这意味着宇宙将有着怎样的终极命运呢？由于暗能量的本质属性尚不为人知，因此，宇宙未来的命运可能是"大撕裂"，可能是"大冻结"，也有可能是先发生"大冻结"，再进入"大撕裂"。

然而，不管宇宙的终极命运是上述哪一种，它的余寿都不会少于 100 亿年。天文学家根据恒星演化的模型预测，在至少 50 亿年后，太阳会变成红巨星，直径会变为现在的几百倍，那时，地球会在这个过程中被吞噬。因此，按照目前的理论推测，人类最先目睹的将是地球被太阳吞噬，也就是说，我们几乎没有机会见证宇宙的结局。

作者介绍

邓李才

中国科学院国家天文台研究员，冷湖观测基地主任，中国科学院大学博士生导师。

陈孝钿

中国科学院国家天文台副研究员，主要从事宇宙高精度测距研究。其团队发现了银河系翘曲的恒星盘，该成果被评为2019年全球百篇最具社会影响力论文。

苟利军

中国科学院国家天文台研究员，中国科学院大学天文学教授，《中国国家天文》杂志执行总编，北京天文学会副理事长。主要研究方向为高能天体物理，包括黑洞及引力波。2020年被授予"中国航天科普大使"称号。

李海宁

中国科学院国家天文台研究员，主要从事银河系考古研究，译有《天文学百科》《宇宙简史》等科普图书。

王汇娟

中国科学院国家天文台项目研究员，中国科学院大学博士研究生导师。主要从事恒星物理、系外行星、银河系演化、高精度测光和光谱探测方法研究。

郑捷

中国科学院国家天文台助理研究员，兴隆观测基地驻站天文学家，主要从事光学天文观测和数据处理，以及天文软件研发等工作。

岳斌

中国科学院国家天文台研究员，主要从事宇宙再电离、第一代发光天体等相关研究。

高长军

中国科学院国家天文台研究员，主要从事宇宙暗能量、广义相对论、黑洞物理等方面的研究。

陈学雷

中国科学院国家天文台宇宙暗物质暗能量团组首席研究员，中国科学院大学岗位特聘教授，东北大学长江讲座教授。从事宇宙学、射电天文学和粒子天体物理研究，担任暗能量射电探测关键技术研究（天籁实验）和绕月超长波天文阵列项目（鸿蒙实验）负责人。

李楠

中国科学院国家天文台研究员，中国空间站工程巡天望远镜（CSST）科学数据处理系统研制项目技术总协调，主要从事星系宇宙学及机器学习在天体物理中的应用方面的研究。

袁凤芳

现任中国科学院国家天文台科学传播主管，广州市天文爱好者协会秘书长、发起人之一，小行星（263906）被命名为袁凤芳星。

姜晓军

中国科学院国家天文台研究员，主要从事地基、天基光学天文观测技术研究和恒星物理研究。

赵斐

理学博士，中国科学院国家天文台助理研究员。主要从事系外行星搜寻与宜居性研究。

陆由俊

中国科学院国家天文台研究员，中国科学院大学岗位教授、博士生导师，2023年起任中国科学院大学天文与空间科学学院副院长。主要研究领域为黑洞物理、引力波天体物理、活动星系核和类星体、星系宇宙学等。

王岚

中国科学院国家天文台副研究员。主要研究方向为星系的形成和演化。

王佳琪

中国科学院国家天文台博士生，主要从事系外行星观测研究。

王炜

中国科学院国家天文台副研究员，主要从事太阳系外行星研究和天邻计划的推动，合著《现代天体物理》《观天者说》等图书。

李硕

中国科学院国家天文台助理研究员。研究领域是引力系统演化，特别是超大质量黑洞与星系的共同动力学演化。

郭潇

中国科学院国家天文台博士研究生，KAGRA 合作组成员，主要从事引力波天体物理研究，热心于天文的科研、科普与教育事业。

陈云

中国科学院国家天文台副研究员，主要从事暗能量、强引力透镜、宇宙大尺度结构等研究。

刘超

中国科学院国家天文台研究员。主要从事银河系的结构与演化、星系动力学、星际消光、恒星物理等研究。

张萌

中国科学院国家天文台在读博士研究生，主要研究方向为宇宙第一代黑洞的形成与数值模拟。

张君波

中国科学院国家天文台助理研究员，兴隆观测基地驻站天文学家，研究方向主要包括天体元素丰度分析、系外行星、恒星及银河系形成和演化、暗夜保护等。

王舒

中国科学院国家天文台副研究员，2023 年中国科学院青促会成员，主要从事近场宇宙的消光规律、星际尘埃、高精度距离测量等方面的研究。

卢吉光

毕业于北京大学天文系，获得天体物理专业博士学位，后于中国科学院国家天文台射电天文技术联合实验室从事博士后研究，目前就职于中国科学院国家天文台 FAST 运行和发展中心组，主要研究方向为射电脉冲星。

宋轶晗

中国科学院国家天文台博士，高级工程师。主持过一项国家自然科学基金青年基金和两项面上基金。在 LAMOST 项目组工作十多年，一直从事光谱分析与算法相关工作。